Andreas G. Harm

Chemische Reaktionen

Chemie differenziert unterrichten

Praxiserprobte Materialien für heterogene Klassen

Auer

Hinweise zu den Versuchen

Im Unterricht müssen die möglichen Gefahrenquellen eines Versuchs vor der Durchführung besprochen werden. Zur Unfallvermeidung beim Experimentieren müssen die geltenden rechtlichen Vorgaben beachtet werden. Grundsätzlich muss Experimentieren umsichtig erfolgen, daher wird bei den einzelnen Versuchen nicht explizit auf die aktuell geltende RiSU (Richtlinien zur Sicherheit im Unterricht) verwiesen.
Die Versuche im vorliegenden Buch benötigen teilweise Substanzen, die als Gefahrstoffe eingestuft werden. Für alle diese Versuche gibt es vorausgefüllte Gefährdungshinweise. Die Gefahren- und Sicherheitshinweise werden darin u.a. nach GHS (Globally Harmonised System; vom 20.01.2009, verbindlich ab 01.06.2015) vermerkt.

Gedruckt auf umweltbewusst gefertigtem, chlorfrei gebleichtem und alterungsbeständigem Papier.

1. Auflage 2019

Covergestaltung: Daniel Fischer Grafikdesign München
Illustrationen: Hendrik Kranenberg, Carmen Hochmann, Steffen Jähde, Tina Pohl, Katharina Reichert-Scarborough, Barbara Schumann, Thorsten Trantow, Cartoonstudio Meder
Satz: Typographie & Computer, Krefeld
Druck und Bindung: Korrekt Nyomdaipari Kft
ISBN 978-3-403-**07775**-6

www.auer-verlag.de

Vorwort

„Chemie differenziert unterrichten“ nennt sich die Reihe des Auer Verlags, der sich nun der Band zum Thema „Chemische Reaktionen“ anschließt. Ohne Frage sind chemische Reaktionen ein sehr zentrales Thema, denn ohne sie könnte man die Faszination an vielseitigen Phänomenen in unserer Welt nicht erklären. Da Chemie jede Person betrifft, ist es wichtig, diese Faszination auf vielfältigen Ebenen zu vermitteln, sei es in phänomenaler oder abstrakter Hinsicht.
Die vorliegenden Materialien sind so konzipiert, dass am jeweils gleichen Lerngegenstand auf unterschiedlichen Niveaus gearbeitet, entdeckt, erforscht und gelernt wird. Dadurch kann vor allem den Anforderungen in heterogenen Lerngruppen, die real existent in jeder Schule und fast jeder Klasse sind, nachgekommen werden. Jedoch ersetzen die Materialien nicht den kompletten Unterricht und auch nicht das Lehrwerk, mit dem Sie arbeiten, es gibt aber wertvolle Anregungen und differenzierte Aufgabenstellungen.
Ich wünsche Ihnen mit diesem Buch einen lebendigen Chemieunterricht, der allen Beteiligten Freude auf der Entdeckungsreise durch die Welt der chemischen Reaktionen macht. Gutes Gelingen und viel Erfolg!

Andreas G. Harm

Aufbau der Lernschritte und allgemeine didaktische Hinweise

Das vorliegende Buch gliedert das Hauptthema „Chemische Reaktion“ in drei sich ergänzende Lernschritte mit folgenden Hauptzielen:

Lernschritt	Thema „Chemische Reaktionen“
I	Die Schüler[1] können Stoffumwandlungen als chemische Reaktionen erkennen und sie von physikalischen Veränderungen unterscheiden. → **I Chemische Reaktionen – Bildung neuer Stoffe**
II	Die Schüler erkennen, dass chemische Reaktionen von Energieumsätzen begleitet sind. → **II Energetische Umsätze bei chemischen Reaktionen**
III	Die Schüler können die Begriffe den entsprechenden chemischen Vorgängen zuordnen und beschreiben. → **III Oxidationen, Reduktionen, Redoxreaktionen**

Es empfiehlt sich, mit Lernschritt I anzufangen, da die einzelnen Lernschritte die Erkenntnisse über chemische Reaktionen zunehmend erweitern. Im Lernschritt I liegt der didaktische Schwerpunkt auf der Stoffumwandlung bei chemischen Reaktionen. Die Erkenntnis, dass chemische Reaktionen auch mit Energieumsätzen verbunden sind, wird im Lernschritt II vermittelt. Da insbesondere die Redoxreaktionen mit Energieumsätzen verbunden sind, ist es sinnvoll, dieses Thema in Lernschritt III abschließend zu behandeln. Denkbar ist aber auch, dass Teilversuche so exemplarisch ausgewählt werden, dass die Schüler am jeweiligen Versuch die typischen Kennzeichen der jeweiligen chemischen Reaktion erkennen. Die Lösungen der Aufgaben finden Sie gesammelt am Ende des Buches.

Entsprechend der individuellen Zugänge, der Lernvoraussetzungen und der Leistungsfähigkeit der einzelnen Schüler liegen die Materialien und ihre Aufgaben in unterschiedlichen Schwierigkeitsgraden vor. Als Orientierung dient Ihnen die folgende Einstufung in drei unterschiedlichen Niveaus:

- Niveau 1 ist ein Basisniveau, mit dem alle Schüler, also auch solche mit Förderbedarf, arbeiten können.

1 Aufgrund der besseren Lesbarkeit ist in diesem Buch mit Schüler auch immer Schülerin gemeint, ebenso verhält es sich mit Lehrer und Lehrerin etc.

- Niveau 2 entspricht einem mittleren Anspruchsniveau, das in seinen Anforderungen in Versuchen und Aufgaben dem Niveau der Regelschulen im Sekundarstufen I Bereich gerecht wird.
- Niveau 3 bildet das höchste Anspruchsniveau. Es richtet sich vor allem an die leistungsstarken Schüler, die in der Lage sind, selbstständig entwickelnd zu arbeiten und ein gutes Abstraktionsvermögen besitzen.

Die Differenzierung der drei Niveaus wird deutlich bei

- Experimenten, die hinsichtlich der Komplexität und der Vorgaben variieren – von genauen Versuchsbeschreibungen bis hin zu von Schülern zu entwickelnden Experimenten.
- Aufgaben, die die Beantwortung einfacher Fragen bis hin zur Entwicklung von Forscheraufgaben erfordern.
- Abstraktionen, die sich vom einfachen Zeichnen einer Skizze bis hin zur Abstraktion auf Teilchenebene erstrecken.

Die verschiedenen Niveaus sind nicht starr zu sehen. Jeder Schüler hat seine individuellen Stärken und Defizite, die aber nicht für immer so bleiben. Es ist doch wünschenswert, dass Schüler sich in Lernprozessen weiterentwickeln – auf intellektueller, haptischer oder auch sozial-affektiver Ebene. Möchten Sie Ihren Schülern die Möglichkeit geben, sich selbst einzuschätzen und daraus Erfahrungen zu sammeln, können Sie die Schüler aus dem vorliegenden Material selbst die entsprechenden Aufgaben aussuchen lassen, die zu ihnen passen. Sie können natürlich auch die Aufgaben passend zu Ihren Schülern verteilen. Sollten Sie oder die Schüler merken, dass das gewählte Niveau nicht dem tatsächlichen Leistungsniveau entspricht, stehen Sie durch personale oder mediale Hilfen beratend zur Seite.

Die Geräte und Chemikalien in den Versuchen sind so gewählt, dass den Schülern ein Großteil davon aus ihrem Alltag bekannt ist. Dies bedeutet nicht, dass mit den Materialien sorglos umgegangen werden kann. So müssen alle verwendeten Lebensmittel als „nicht zum Verzehr geeignet“ gekennzeichnet werden. Die meisten Reste können in den normalen Hausmüll entsorgt werden, manche erfordern aber auch besondere Entsorgungsmaßnahmen und schließlich sollen auch alle notwendigen Sicherheitsmaßnahmen getroffen werden. Die Versuchsbeschreibungen können durch folgende Piktogramme ergänzt werden:

Schutzbrille	Schutzhandschuhe	Haare zusammenbinden	keine baumelnde Kleidung (lockere Ärmel oder Bändel, z. B. bei Hoodies), keine Schals und keinen Schmuck wie Ketten oder Armreifen	Lüftung	Abzug

Die Kopiervorlagen sind so angelegt, dass sie genügend Raum für Skizzen und Notizen lassen. Für die Beantwortung mancher Fragen und Aufgaben können entweder die Rückseiten der Arbeitsblätter verwendet werden oder Sie lassen die Schüler einen Ordner anlegen, der noch Zusatzblätter beinhaltet, sodass auch Aufgaben mit längeren Antworten ordentlich notiert und Klebearbeiten (z. B. Triomino, Lapbook oder Fotos) fixiert werden können.

Sicherheitshinweise

Enthaltene Gefahrstoffe

- Versuchsbeschreibung 10: Schwefel (sublimiert)
- Versuchsbeschreibung 11: Kupfer(II)-acetat-Monohydrat

Details, s. Gefährdungsbeurteilung, ab S. 103.

Fachliche Hinweise

Zu den Versuchen: (siehe auch Erläuterungen bei den Lösungen am Ende des Buches)

- **Erhitzen von Zucker**
  Das Verbrennen von Zucker ist eine chemische Reaktion, bei der die Glucosemoleküle zerlegt werden, man spricht auch von einer Pyrolyse. Als Endprodukte erhält man Zuckerkohle, die sich durch ihren Geruch bemerkbar macht, und Wasser bzw. Wasserdampf, welches in Form von Bläschen sichtbar wird. Zwischenprodukte können u. a. Alkohole, Aldehyde, Ether, Ketone und Carbonsäuren sein. Entstehende Gase können kurzzeitig zu einer Flammenerscheinung führen. Eine längerfristige Flamme erhält man durch die Verwendung eines Katalysators, z. B. Asche.

- **Erhitzen einer Salz-Lösung**
  Es handelt sich dabei um einen physikalischen Vorgang, da keine neuen Stoffe nachweisbar und beobachtbar sind: Für die Versuche wird Kochsalz (Natriumchlorid) verwendet. Wird Kochsalz in Wasser gelöst, so ist das Kochsalz bald nicht mehr sichtbar, es ist eine Lösung entstanden. Beim Erhitzen dieser Lösung verdampft das Wasser jedoch wieder und das Kochsalz „kristallisiert" wieder aus, sichtbar durch kleine Kristalle am Boden oder am Rande des Gefäßes.

- **Tee und Zitrone**
  Gibt man eine Säure zu schwarzem Tee, so handelt es sich dabei um eine chemische Reaktion, denn die Farbe des Tees verändert sich merklich. Schwarztee ist ein Indikator (lat. indicare, „anzeigen") für saure, neutrale oder alkalische Lösungen. Verantwortlich für die Farbreaktion sind die im Schwarztee enthaltenen Theaflavine und Thearubigine; das sind Stoffe, welche bei einer sauren oder alkalischen Umgebung typische Farben annehmen. (Für sauer Hellbraun und für alkalisch Schwarz.)
  Dass Säuren nicht nur auf Indikatoren, sondern auch auf Eiweiß Einfluss haben, erkennen die Schüler zudem bei Zugabe von Zitronensaft in Milch: Das Eiweiß der Milch wird zersetzt (denaturiert) und flockt aus.

- **Backpulver und Essig**
  Wird Essig auf Backpulver gegeben, so beobachtet man eine starke Gasentwicklung. Dabei handelt es sich um eine chemische Reaktion: Aus dem Natriumhydrogencarbonat des Backpulvers und der Säure im Essig bildet sich das Gas Kohlenstoffdioxid.
  Es ist zu empfehlen, reines Natriumhydrogencarbonat statt gekauftem Backpulver zu verwenden, da die im gekauften Backpulver enthaltenen Zusatzstoffe (z. B. Maisstärke) die Reaktion unterbinden können.

- **Essig und Kalk**
  Analog zur obigen Reaktion erlernen die Schüler, dass Essig nicht nur Backpulver, sondern auch Kalkablagerungen in Kochtöpfen oder Wasserkochern unter der Bildung von Kohlenstoffdioxid zu lösen vermag.

- **Erhitzen von Papier**
  Papier besitzt eine Entzündungstemperatur von ca. 360 °C. Dabei reagieren die im Papier enthaltenen Stoffe mit dem Sauerstoff der Luft. Es entstehen unter anderem Kohlenstoffdioxid, das entweicht, schwarzer Kohlenstoff und graue Asche. Diese besteht hauptsächlich aus Mineralien, die in den Füllstoffen des Papiers stecken, wie z. B. Gips oder Titanoxid.

- **Erhitzen von Glas-, Eisen- und Baumwolle**
  Drei verschiedene Stoffe, die in ihrer Form an Wolle erinnern, werden in die Flamme gehalten. Baumwolle verbrennt unter der Bildung von Kohlenstoff, Eisenwolle bildet Eisenoxid, Glaswolle bildet unter Hitzeeinwirkung keine neuen Stoffe, sondern schmilzt nur. (Hinweis: Glasröhren aus Laborglas verwenden; Fensterglas ist scharfkantig und splittert schnell.)

- **Erhitzen von Mais**
  Beim Erhitzen von Maiskörnern bildet sich in einer chemischen Reaktion das sogenannte Popcorn, das neue charakteristische Eigenschaften in Farbe, Form, Geruch, Größe, Härte, Volumen und Dichte besitzt. Besonders die Dichte ist interessant, da sie nur 1/8 der ursprünglichen Maiskorndichte beträgt: Popcorn schwimmt somit auf Wasser.
  Hinweis: Nicht jedes Maiskorn poppt – am besten frischen Popcornmais verwenden, weil er die notwendige Feuchtigkeit in sich trägt.

- **Rösten von Kaffee**
  Durch vorsichtiges Erhitzen bildet sich aus einer rohen Kaffeebohne der Röstkaffee mit den typischen charakteristischen neuen Eigenschaften wie Farbe (hervorgerufen durch die Maillard-Reaktion), Geruch (Bildung von 2-Mercaptomethylfuran), Härte, Volumen und einer geringeren Dichte, sodass auch Röstkaffee auf Wasser schwimmt. Koffein wird durch das Rösten nicht zerstört.

Didaktische Hinweise

„Das ganze Leben ist Chemie“ – schon früh sollte jedem Schüler dies begreifbar gemacht werden. Es sollte Grundprinzip jedes Chemieunterrichts sein, die Schüler erfahren zu lassen, dass unser Leben durch chemische Reaktionen und Produkte bestimmt ist.
In diesem ersten Kapitel lernen die Schüler, dass bei chemischen Reaktionen neue Stoffe entstehen. Dabei geht es sowohl darum, eine Abgrenzung zur Physik herzustellen, als auch zwischen den beiden chemischen Vorgängen der Analyse (Zerlegung von Verbindungen unter Bildung neuer Stoffe mit neuen Eigenschaften) und Synthese (Bildung neuer Stoffe aus Elementen) zu unterscheiden.
Chemische Reaktionen sind gekennzeichnet durch Stoffumwandlungen. Aus einem oder mehreren Ausgangsstoff(en) (Edukte) entsteht ein Stoff oder entstehen mehrere neue Stoffe mit neuen Eigenschaften. Beispiele solcher Eigenschaften sind Dichte, elektrische Leitfähigkeit, Farbe, Form, Geruch, Härte, Wärmeleitfähigkeit, Oberflächenbeschaffenheit, Siedetemperatur, Schmelztemperatur oder magnetische Eigenschaften.
Diese Stoffeigenschaften sollten in der Regel schon im Anfangsunterricht Chemie eingeführt worden sein, könnten aber nochmals zur Einführung der Unterrichtseinheit benannt werden.

Lernvoraussetzungen
Die Lehrkraft sollte bis zu dieser Unterrichtseinheit bereits folgende Begriffe und Definitionen eingeführt haben:
- Kennzeichen chemischer Reaktionen
- Nachweis von Kohlenstoffdioxid
- Chemische Formeln und Reaktionsgleichungen aufstellen
- Bedeutung der pH-Skala, Kennzeichen saurer und alkalischer Lösungen

- Bedeutung von Indikatoren
- Definition: Chemische Verbindung
- Massengesetz (wird bei Synthese verwendet)
- Analyse
- Synthese

Lernthekenarbeit

Eine Lerntheke ist ein Angebot verschiedener zusammenhängender Aufgaben und Materialien, die in vorbereiteten Boxen (Lernthekenboxen) zusammengestellt und frei zugänglich sind. Bewährt haben sich auch Wagen/Container, von denen die Schüler die Boxen holen und in die sie die Boxen wieder zurückstellen.

Die vorliegende Lernthekenarbeit besteht aus neun Stationen, in denen die Schüler in Gruppen von 2–4 Schülern in ihrem eigenen Tempo verschiedene Experimente zum Thema „Bildung neuer Stoffe" durchführen und Aufgaben bearbeiten. Jede Lernthekenbox enthält folgende Materialien:

1. Laborgeräte und Chemikalien
2. Experimentalanleitung mit Aufgabenstellung
3. Protokollbogen
4. Ein Bild, wie die Lernbox geordnet ist (s. Zeichnung) als Kontrollbogen.

Die Gruppenzusammensetzung sollte so erfolgen, dass alle Niveaustufen abgedeckt sind – so lernen die Schüler nicht nur miteinander, sondern auch voneinander. Station 9 kann als Pufferstation eingesetzt werden, falls eine Gruppe schon früher fertig ist. Nach Abgabe der Lernthekenboxen sollten die Inhalte entweder durch die Lehrkraft oder eine Schülergruppe anhand einer Materialliste überprüft werden.

Es empfiehlt sich, Lernthekenboxen wie abgebildet zu erstellen.

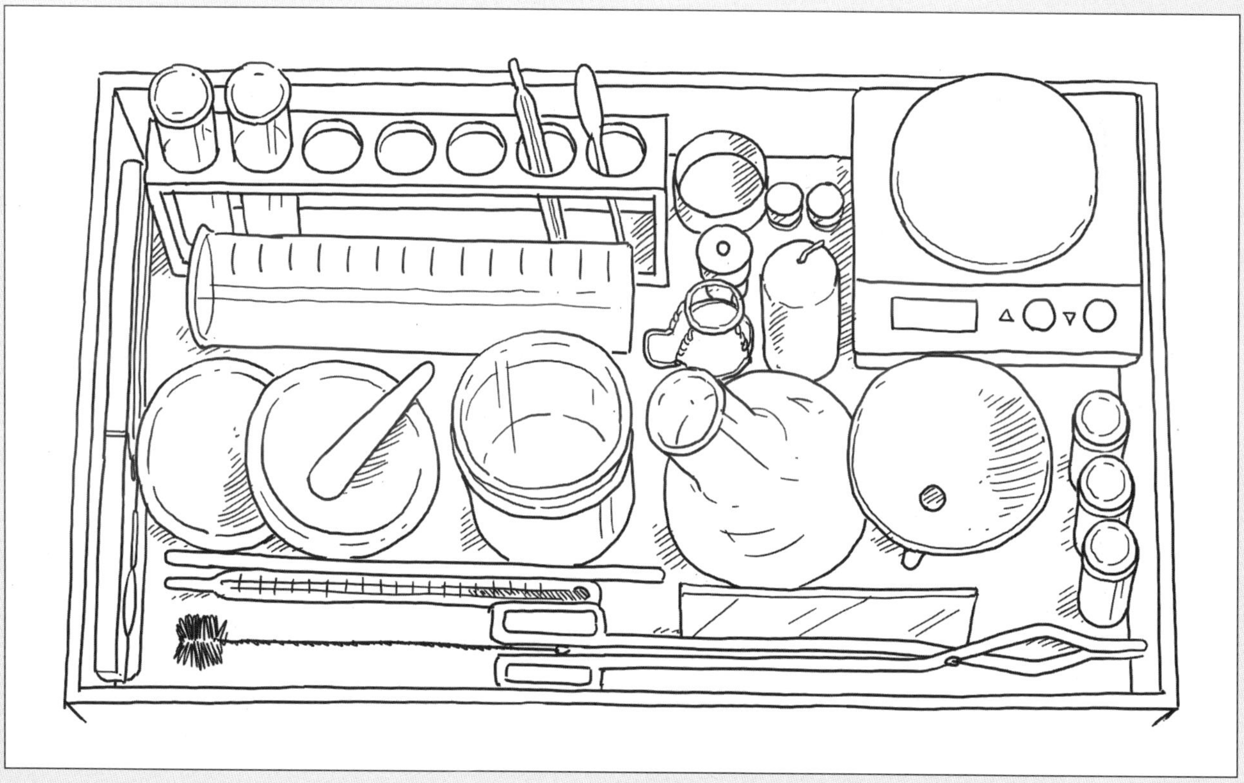

Aufgaben und Experimente sind für die Schüler entsprechend ihrem Lernniveau unterschiedlich gekennzeichnet:

- Auf Niveau 1 erkennen die Schüler in einfachen Versuchen, dass bei chemischen Reaktionen neue Stoffe mit neuen Eigenschaften entstehen. Sie unterscheiden chemische Reaktionen von physikalischen Vorgängen. Hierbei wird u. a. die genaue Beobachtung, also das Sehen (Veränderung von Aussehen, Form und Farbe) geschult.
- Auf Niveau 2 bearbeiten die Schüler weiterführende Aufgaben in Form von kreativen Aufgaben (z. B. Erstellen eines Comics oder einer Filmleiste), von weiterführenden Experimenten oder Berechnungen, wie z. B. zur Dichte. Sie begreifen somit die Kennzeichen von chemischen Reaktionen sowohl auf abstrakter Ebene als auch in Transferleistungen.
- Auf Niveau 3 führen die Schüler weitergehende Recherchen durch und präsentieren ihre Erkenntnisse im späteren Verlauf der Unterrichtseinheit.

Nach der Lernthekenarbeit findet eine Vertiefung statt, in der die Schüler Analyse- und Synthesereaktionen als typische chemische Reaktionen kennenlernen und so ein ausdifferenziertes Bild von chemischen Reaktionen erhalten.

Materialliste:

- ☐ Arbeitsplatte, feuerfest
- ☐ 2x Becherglas
- ☐ Bürste
- ☐ Drahtgestell (Sektkorken)
- ☐ Erlenmeyerkolben
- ☐ Gestell
- ☐ Glasplatte
- ☐ Glasstab
- ☐ Kerze / Teelicht
- ☐ Messzylinder
- ☐ Mörser
- ☐ Pipette
- ☐ Pistill
- ☐ Porzellanschale
- ☐ 2x Reagenzglas
- ☐ Reagenzglasklammer
- ☐ 3x Schnappdeckelglas
- ☐ Spatel
- ☐ Stopfen (groß)
- ☐ 2x Stopfen (klein)
- ☐ Teelichthülle
- ☐ Thermometer
- ☐ Tiegelzange
- ☐ Trichter
- ☐ Waage

Tabellarischer Ablauf

	Niveau	Sozialform	Zeitlicher Ablauf/Inhalt	Produkte	Kopiervorlagen
I Chemische Reaktionen					
			1. Erarbeitung		
	Niveau 1	Partner- oder Gruppenarbeit	Unterscheidung chemische Reaktion und physikalischer Vorgang	Skizzen	Protokoll, Lerntheke 1, Versuchsbeschreibungen 1–9 (Niveau 1)
	Niveau 2	Partner- oder Gruppenarbeit	2. Weiterführende Experimente, Abstraktionen	Schriftliche Antworten: Comic, Filmleiste Berechnungen, Reaktionsschemata	Protokoll, Lerntheke 1–2, Versuchsbeschreibungen 1–9, Comicvorlage, Filmleiste, Hausvorlage (Niveau 2)
	Niveau 3	Partner- oder Gruppenarbeit	3. Recherche	Folie, Poster, Versuchsprodukt	Protokoll, Lerntheke 1–3, Versuchsbeschreibungen 1–9 (Niveau 3)
	alle	Plenum	4. Ergebnisse zusammentragen	Übersichtsblatt	Lerntheke 1
	alle	Partner- oder Gruppenarbeit	Vertiefung: Analyse und Synthese		Versuchsbeschreibungen 10 und 11

Protokoll: Kennzeichen einer chemischen Reaktion

Versuch Nr. ____	Wir untersuchen ________________________________ (hier den Stoff einfügen)
Skizze	
Beobachtungen/ Veränderungen	

Lerntheke 1: Auswertung der Versuche

Nr.	Versuch	Chemische Reaktion? Ja/Nein	Begründung
1	Erhitzen von Zucker		
2	Erhitzen einer Kochsalzlösung		
3	Tee und Zitrone		
4	Backpulver und Essig		
5	Kalk und Essig		
6	Erhitzen von Papier		
7	Erhitzen von Baum-, Eisen- und Glaswolle		
8	Erhitzen von Mais		
9	Rösten von Kaffee		

Lerntheke 2: Wir forschen weiter

Nr.	Frage	Aufgabe	Zusatzmaterial	Hinweis
1	Kann Zucker auch brennen?	Führt ein neues Experiment durch.	• Pflanzenasche • Kaliumcarbonat • Protokoll	Gebt etwas Pflanzenasche oder Kaliumcarbonat auf den Zucker.
2	Was passiert beim Erhitzen einer Salzlösung mit den Wasser- und Salzteilchen?	Erstellt einen Comic, der die Vorgänge beim Erhitzen einer Salzlösung auf Teilchenebene beschreibt.	• Comicvorlage	
3	Kann man Tee mit Milch UND Zitrone trinken?	Führt mehrere Versuche durch, die zeigen, was bei Zugabe von Säure UND Milch in Tee passiert.	• Milch • Protokoll	Fügt zu einem der beiden Bechergläser zusätzlich einen Teelöffel Milch hinzu.
4	Welche Eigenschaften hat das Gas, das bei der Reaktion von Backpulver mit Essig entsteht?	Überlegt euch einen Versuch, mit dem nachgewiesen wird, dass das Gas nicht Sauerstoff sein kann.	• Holzspan • Feuerzeug • Protokoll	Überprüft die Eigenschaften des entstehenden Gases mit einem glimmenden Holzspan.
5	Wo findest du bei dir zu Hause Kalkflecken? Was passiert, wenn du Essig dazugibst?	Erstellt eine Abfolge von Bildern eurer Beobachtungen zum Versuch.	• Filmleiste	
6	Brennt Holz genauso gut wie Papier? Brennt Zinkgranulat?	Beobachtet das unterschiedliche Verhalten und formuliert eine Erklärung.	• Zahnstocher oder Streichholz ohne Kopf • einige Körnchen Zinkgranulat • Protokoll	Die Stoffe nacheinander in das leere Aluschälchen geben und erhitzen.
7	Wofür werden Baum-, Eisen- und Glaswolle benötigt?	Kennzeichnet und beschreibt am Beispiel eines Wohnhauses, wo ihr die drei verwendeten Materialien wiederfindet.	• Hausmodellvorlage	B (Baumwolle) E (Eisenwolle) G (Glaswolle)
8	Wie unterscheiden sich die Dichten von Mais und Popcorn?	Berechnet jeweils die Dichte von Mais und Popcorn.	• Protokoll	Messt im Messzylinder 5 ccm Mais und 5 ccm Popcorn ab.
9	Wie unterscheiden sich die Dichten von rohem und geröstetem Kaffee?	Berechnet die Dichte von rohen und gerösteten Kaffeebohnen.		Messt im Messzylinder 10 ccm rohe Kaffeebohnen und 10 ccm geröstete Kaffeebohnen ab.

Lerntheke 3: Recherche

Nr.	Frage	Aufgabe
1	Welche Stoffe entstehen beim Erhitzen von Zucker?	Berichtet, was Zuckerkohle ist und wozu sie verwendet wird.
2	Wie wird Salz industriell gewonnen?	Berichtet über zwei verschiedene Verfahren, wie man aus der Natur Salz erhält.
3	Weshalb flockt Milch bei Zugabe von Zitronensaft aus? Wie macht man sich diese Reaktion bei der Quarkherstellung zunutze?	Recherchiert nach Versuchen und stellt die Experimente und Ergebnisse der Klasse vor.
4	Weshalb kann man beim Backen auch Rum anstelle von Backpulver erwenden?	Berichtet, wofür Backpulver beim Backen verwendet wird und was es bewirkt.
5	Wie entfernt man umweltschonend Kalkflecken im Haushalt? Welche natürlichen Mittel kannst du einsetzen?	Erstellt ein Werbeplakat für einen Kalkentferner oder denkt euch in der Gruppe einen Werbesketch für einen natürlichen Kalkentferner aus.
6	Welche Stoffe entstehen bei der Verbrennung von Kohle? Welche unterschiedlichen Arten von Grillkohle gibt es und welche Vorzüge haben sie jeweils?	Stellt ein Reaktionsschema (in Worten) für die Verbrennung von Holzkohle auf.
7	Wofür wird Glaswolle verwendet? Welche unterschiedlichen Brandschutzmaterialien beim Hausbau gibt es?	Kennzeichnet in einem Hausmodell, wo und wofür Glaswolle, Baumwolle und Eisenwolle verwendet werden.
8	Wo wird Mais in der Welt hauptsächlich angebaut? Wofür wird er verwendet?	Stellt verschiedene Popcornmaschinen vor.
9	Wie und wo wird Kaffee angebaut? Was passiert bei der Kaffeeröstung?	Stellt die einzelnen Schritte der Kaffeeröstung vor und berichtet über die Anbaugebiete von Kaffeebohnen.

Versuchsbeschreibung 1: Erhitzen von Zucker

Benötigte Materialien:
- je Gruppenmitglied: Protokoll, *Lerntheke 1*
- Schreibmaterial für jedes Gruppenmitglied (Bleistift und Radiergummi)
- Arbeitsplatte, feuerfest
- 1 Teelicht
- 1 Reagenzglasklammer
- 1 Teelöffel
- 1 Mörser mit Pistill
- Feuerzeug
- Alufolie als Unterlage
- Leere Teelichthülle (aus Aluminium)
- Haushaltszucker

Schutzmaßnahmen:
Lange Haare zurückbinden. Lange Ärmel hochschieben. Keine Schals oder baumelnde Kleidung! Für gute Lüftung sorgen (Abzug oder am offenen Fenster)!

1

Vorbereitung:
1. Wenn das eure erste Station ist: Jedes Gruppenmitglied bekommt das Protokoll und benötigt Schreibmaterial.
2. Besorgt euch die Materialien und richtet euren Arbeitsplatz her.

2

Durchführung:

1. Zerkleinert den Zucker im Mörser.
2. Gebt 1/2 Teelöffel des zerkleinerten Zuckers in die leere Teelichthülle.
3. Zündet das Teelicht an.
4. Nehmt die Reagenzglasklammer und haltet damit das Aluschälchen der Teelichthülle in die Spitze der Teelichtflamme.
5. Beobachtet und notiert eure Beobachtung in das Protokoll.
6. Wertet den Versuch aus. Vervollständigt hierzu das Arbeitsblatt *Lerntheke 1*.

3

Aufräumen:
- Räumt euren Arbeitsplatz auf, wenn ihr mit der Arbeit fertig seid.
- Das Aluschälchen und den Zucker in den Restmüll geben.

4

Weiterführende Aufgabe:
Führt die Versuche bzw. Aufgaben der Arbeitsblätter *Lerntheke 2* bzw. *3* aus.

Versuchsbeschreibung 2: Erhitzen einer Kochsalzlösung

Benötigte Materialien:
- je Gruppenmitglied: Protokoll, *Lerntheke 1*
- Schreibmaterial für jedes Gruppenmitglied (Bleistift und Radiergummi)
- Arbeitsplatte, feuerfest
- 1 Teelicht
- Feuerzeug
- 1 Becherglas (100 ml)
- 1 Teelöffel
- 1 Esslöffel
- Kochsalz (NaCl)

Schutzmaßnahmen:
Lange Haare zurückbinden. Lange Ärmel hochschieben.
Keine Schals oder baumelnde Kleidung!

1

Vorbereitung:
1. Wenn das eure erste Station ist: Jedes Gruppenmitglied bekommt das Protokoll und benötigt Schreibmaterial.
2. Besorgt euch die Materialien und richtet euren Arbeitsplatz her.
3. Füllt das Becherglas zur Hälfte mit Leitungswasser.
4. Gebt 1/2 Teelöffel Kochsalz in das Becherglas und rührt mit dem Löffel gut um, bis das Kochsalz aufgelöst ist.

2

Durchführung:
1. Zündet das Teelicht an.
2. Holt mit dem Esslöffel ein wenig Salzwasser aus dem Becherglas (nicht zu viel, sonst dauert der Versuch zu lang) und haltet den halb vollen Löffel in die Spitze der Teelichtflamme.
3. Beobachtet und notiert eure Beobachtung in das Protokoll.
4. Wertet den Versuch aus. Vervollständigt hierzu das Arbeitsblatt *Lerntheke 1.*

3

Aufräumen:
- Räumt euren Arbeitsplatz auf, wenn ihr mit der Arbeit fertig seid.
- Das Salzwasser in den Ausguss gießen.

4

Weiterführende Aufgabe:
Führt weitere Versuche bzw. Aufgaben der Arbeitsblätter *Lerntheke 2* bzw. *3* aus.
Verwendet für das Arbeitsblatt *Lerntheke 2* die Comicvorlage.

Comicvorlage: Erhitzen einer Kochsalzlösung

Aufgabe:
Erstellt mithilfe der Symbole einen Comic, der die Vorgänge beim Erhitzen einer Lösung auf Teilchenebene beschreibt.

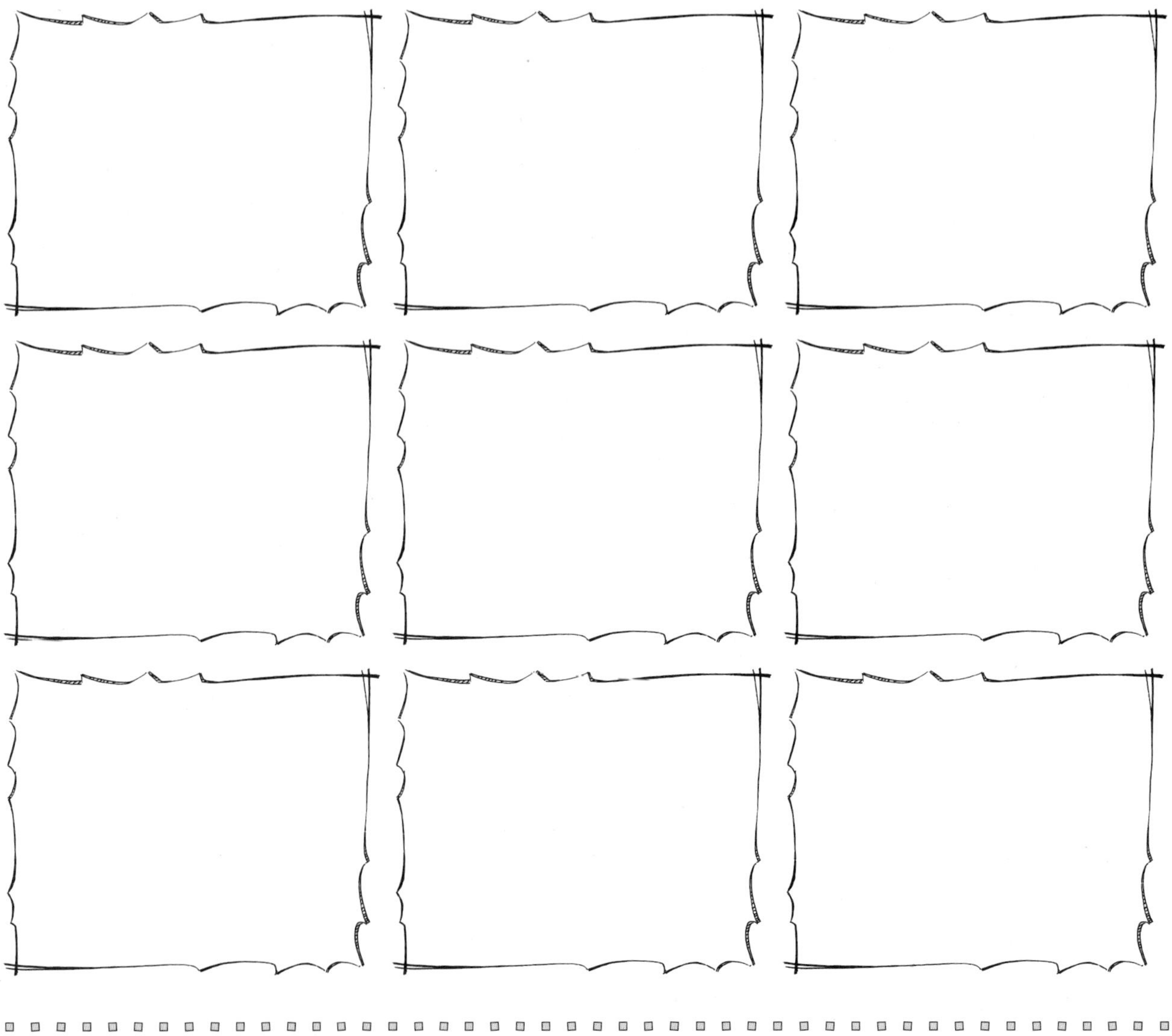

Versuchsbeschreibung 3: Schwarzer Tee und Zitrone

Benötigte Materialien:
- je Gruppenmitglied: Protokoll, *Lerntheke 1*
- Schreibmaterial für jedes Gruppenmitglied (Bleistift und Radiergummi)
- Arbeitsplatte, feuerfest
- 1 Becherglas (250 ml) und 1 Becherglas (100 ml)
- 1 Teelöffel
- 2 kleine Bechergläser (50 ml)
- Wasserkocher (500 ml)
- Zitronensaft
- 1 Teebeutel schwarzer Tee
- 1 pH-Messgerät (oder Indikatorpapier & Farbskala)

1

Vorbereitung:
1. Wenn das eure erste Station ist: Jedes Gruppenmitglied bekommt das Protokoll und benötigt Schreibmaterial.
2. Besorgt euch die Materialien und richtet euren Arbeitsplatz her.
3. Füllt das Becherglas mit 100 ml Wasser.
4. Erhitzt das Wasser im Wasserkocher bis zum Siedepunkt (100 °C).
5. Hängt den Teebeutel ins Becherglas (250 ml) und übergießt ihn mit 100 ml heißem Wasser.
6. Nach drei Minuten den Beutel entnehmen (Restmüll).

2

Durchführung:
1. Gebt in jedes der beiden kleinen Bechergläser die Hälfte des Tees.
2. Messt den pH-Wert in einem Becherglas mithilfe des pH-Messgeräts. Taucht dazu den Messstab in den Tee.
3. Lest an der Skala die Zahlenwerte ab und notiert den pH-Wert sowie die Eigenschaft (sauer, neutral oder alkalisch) im Protokoll.

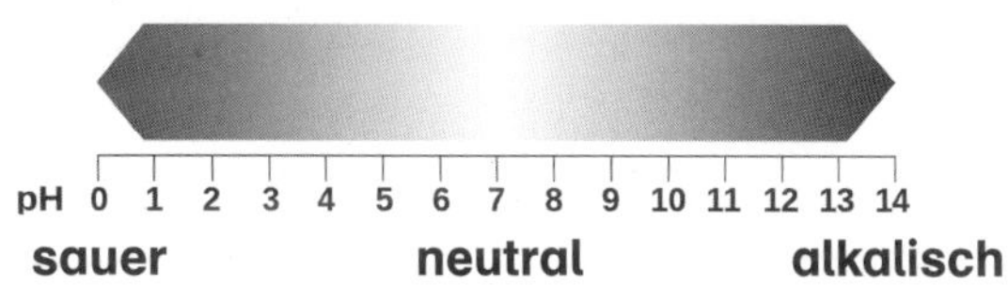

4. Gebt in das zweite Becherglas einige Tropfen Zitronensaft.
5. Beobachtet.
6. Messt wiederum den pH-Wert mithilfe des pH-Messgeräts.
7. Notiert eure Beobachtung in das Protokoll.
8. Wertet den Versuch aus. Vervollständigt hierzu das Arbeitsblatt *Lerntheke 1*.

3

Aufräumen:
- Räumt euren Arbeitsplatz auf, wenn ihr mit der Arbeit fertig seid.
- Das Teewasser in den Ausguss gießen.

4

Weiterführende Aufgabe:
Führt weitere Versuche bzw. Aufgaben der Arbeitsblätter *Lerntheke 2* bzw. *3* aus.

Versuchsbeschreibung 4: Backpulver und Essig

Benötigte Materialien:
- je Gruppenmitglied: Protokoll, *Lerntheke 1*
- Schreibmaterial für jedes Gruppenmitglied (Bleistift und Radiergummi)
- Arbeitsplatte
- 2 Erlenmeyerkolben (100 ml und 150 ml)
- 1 Trichter
- 1 Spatel
- 1 Messzylinder (100 ml)
- 4 Streifen Indikatorpapier & Farbskala
- 2 Luftballons
- Leitungswasser
- Essig, ca. 5 %ig, oder Haushaltsessig (50 ml)
- Backpulver (Natriumhydrogencarbonat, $NaHCO_3$)

1

Vorbereitung:
1. Wenn das eure erste Station ist: Jedes Gruppenmitglied bekommt das Protokoll und benötigt Schreibmaterial.
2. Besorgt euch die Materialien und richtet euren Arbeitsplatz her.
3. Füllt den Messzylinder mit 50 ml Wasser und füllt damit den kleinen Erlenmeyerkolben.
4. Füllt den Messzylinder mit 50 ml Essig und füllt damit den großen Kolben.
5. Haltet in jeden Kolben je einen Streifen Indikatorpapier.
6. Lest an der Farbskala die Bedeutung der Farben ab und übertragt die Werte sowie die Eigenschaften (sauer, neutral oder alkalisch) ins Protokoll.

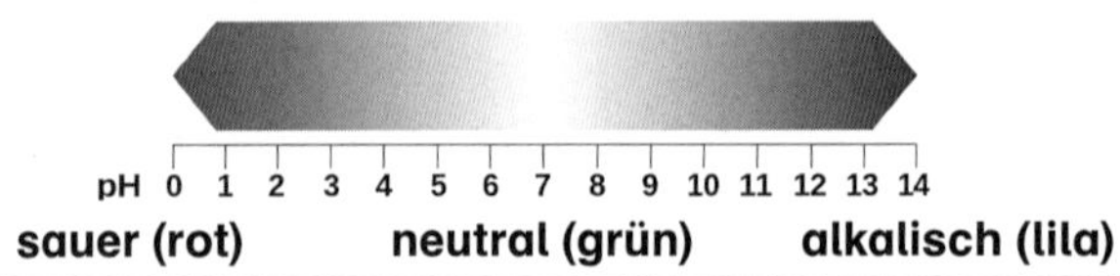

2

Durchführung:
1. Gebt vier Spatel **Backpulver** in den einen Luftballon und stülpt sofort den Luftballon über den **kleinen** Kolben.
2. Haltet den Luftballon am unteren Rand gut fest.
3. Schwenkt den Kolben hin und her.
4. Beobachtet und notiert eure Beobachtungen im Protokoll.
5. Entfernt danach den Luftballon.
6. Haltet einen Indikatorstreifen in die Flüssigkeit und lest an der Farbskala die Bedeutung der Farben ab.
7. Wiederholt den Versuch mit dem zweiten, **größeren** Kolben.
8. Notiert eure Beobachtung in das Protokoll und vergleicht die beiden Versuche.
9. Wertet die Versuche aus. Vervollständigt hierzu das Arbeitsblatt *Lerntheke 1*.

3

Aufräumen:
- Räumt euren Arbeitsplatz auf, wenn ihr mit der Arbeit fertig seid.
- Die Lösungsreste in den Ausguss gießen.

4

Weiterführende Aufgabe:
Führt weitere Versuche bzw. Aufgaben der Arbeitsblätter *Lerntheke 2* bzw. *3* aus.

Versuchsbeschreibung 5: Kalk und Essig

Benötigte Materialien:
- je Gruppenmitglied: Protokoll, *Lerntheke 1*
- Schreibmaterial für jedes Gruppenmitglied (Bleistift und Radiergummi)
- 1 Reagenzglas
- 1 Trichter
- 1 Spatel
- 1 Reagenzglasgestell
- 1 Holzspan
- 1 Mörser mit Pistill
- Streichhölzer
- Essig, ca. 5 %ig, oder Haushaltsessig
- Kreide (Kalk, $CaCO_3$)

Schutzmaßnahmen:
Lange Haare zurückbinden. Lange Ärmel hochschieben. Keine Schals oder baumelnde Kleidung!

1

Vorbereitung:
1. Wenn das eure erste Station ist: Jedes Gruppenmitglied bekommt das Protokoll und benötigt Schreibmaterial.
2. Besorgt euch die Materialien und richtet euren Arbeitsplatz her.
3. Zerreibt ein halbes Kreidestück im Mörser zu feinem Pulver.

2

Durchführung:
1. Gebt einen gehäuften Spatel des Pulvers in das Reagenzglas.
2. Gebt anschließend mithilfe des Trichters einen daumenbreit Essig dazu.
3. Beobachtet.
4. Entzündet einen Holzspan und haltet ihn in das Reagenzglas, nahe der Flüssigkeit.
5. Beobachtet erneut.
6. Notiert eure Beobachtungen in das Protokoll.
7. Wertet den Versuch aus. Vervollständigt hierzu das Arbeitsblatt *Lerntheke 1*.

3

Aufräumen:
- Räumt euren Arbeitsplatz auf, wenn ihr mit der Arbeit fertig seid.
- Die Reste in den Ausguss gießen.

4

Weiterführende Aufgabe:
Führt weitere Versuche bzw. Aufgaben der Arbeitsblätter *Lerntheke 2* bzw. *3* aus.

Filmleiste: Kalk und Essig

Aufgabe:
Erstellt eine Abfolge von Bildern, in die ihr eure Beobachtungen zum Versuch zeichnet.

Versuchsbeschreibung 6: Erhitzen von Papier

Benötigte Materialien:
- je Gruppenmitglied: Protokoll, *Lerntheke 1*
- Schreibmaterial für jedes Gruppenmitglied (Bleistift und Radiergummi)
- Arbeitsplatte, feuerfest
- 1 Teelicht mit Drahtgestell
- 1 leere Teelichthülle (aus Aluminium)
- Streichhölzer
- Papierfetzen

Schutzmaßnahmen:
Lange Haare zurückbinden. Lange Ärmel hochschieben. Keine Schals oder baumelnde Kleidung!

1 **Vorbereitung:**
1. Wenn das eure erste Station ist: Jedes Gruppenmitglied bekommt das Protokoll und benötigt Schreibmaterial.
2. Besorgt euch die Materialien und richtet euren Arbeitsplatz her.

2 **Aufbau:**

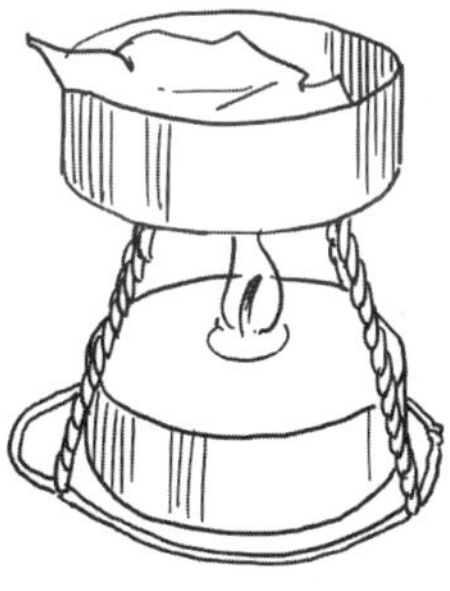

3 **Durchführung:**
1. Legt einen Papierfetzen in die leere Teelichthülle.
2. Stellt dieses auf das Drahtgestell.
3. Zündet das Teelicht an und schiebt das Teelicht unter das Drahtgestell.
4. Beobachtet das Papier. Wenn das Papier sich nicht mehr verändert, schiebt das Teelicht unter dem Drahtgestell weg und löscht die Flamme vorsichtig.
5. Notiert eure Beobachtung in das Protokoll.
6. Wertet den Versuch aus. Vervollständigt hierzu das Arbeitsblatt *Lerntheke 1.*

4 **Aufräumen:**
- Räumt euren Arbeitsplatz auf, wenn ihr mit der Arbeit fertig seid.
- Das Papier kann in den Restmüll.

5 **Weiterführende Aufgabe:**
Führt weitere Versuche bzw. Aufgaben der Arbeitsblätter *Lerntheke 2* bzw. *3* aus.

Versuchsbeschreibung 7: Erhitzen von Baum-, Eisen- und Glaswolle

Benötigte Materialien:
- je Gruppenmitglied: Protokoll, *Lerntheke 1*
- Schreibmaterial für jedes Gruppenmitglied (Bleistift und Radiergummi)
- Arbeitsplatte, feuerfest
- 3 Porzellanschalen oder Aluförmchen, eines davon mit Glaswolle, das andere mit Eisenwolle und das dritte mit Baumwollwatte befüllt.
- 1 Tiegelzange
- 1 Minibrenner

Schutzmaßnahmen:
Schutzbrille. Lange Haare zurückbinden. Lange Ärmel hochschieben. Keine Schals oder baumelnde Kleidung! Schutzhandschuhe (für die Untersuchung von Glaswolle).

1 Vorbereitung:
1. Wenn das eure erste Station ist: Jedes Gruppenmitglied bekommt das Protokoll und benötigt Schreibmaterial.
2. Besorgt euch die Materialien und richtet euren Arbeitsplatz her.

2 Aufbau:

3 Durchführung:
1. Haltet die blaue Flamme des Minibrenners in das Schälchen mit der jeweiligen Wolle.
2. Beobachtet genau die Produkte, indem ihr sie mit der Tiegelzange aus den Schälchen holt, betrachtet und mit dem jeweiligen Ausgangsstoff vergleicht.
3. Notiert eure Beobachtungen in das Protokoll.
4. Wertet den Versuch aus. Vervollständigt hierzu das Arbeitsblatt *Lerntheke 1*.

4 Aufräumen:
- Räumt euren Arbeitsplatz auf, wenn ihr mit der Arbeit fertig seid und alle Materialien abgekühlt sind.
- Reste der abgekühlten Eisenwolle in einen Metall-Mülleimer geben.
- Die abgekühlten Stoffe in den Restmüll geben.

5 Weiterführende Aufgabe:
Führt weitere Versuche bzw. Aufgaben der Arbeitsblätter *Lerntheke 2* bzw. *3* aus.

Hausvorlage: Werkstoffe im Haus

Aufgabe:
Kennzeichnet in einem Hausmodell, wo und wofür Glas(wolle), (Baum)wolle und Eisen verwendet werden. Notiert **G** für Glas(wolle), **B** für (Baum)wolle und **E** für Eisen.

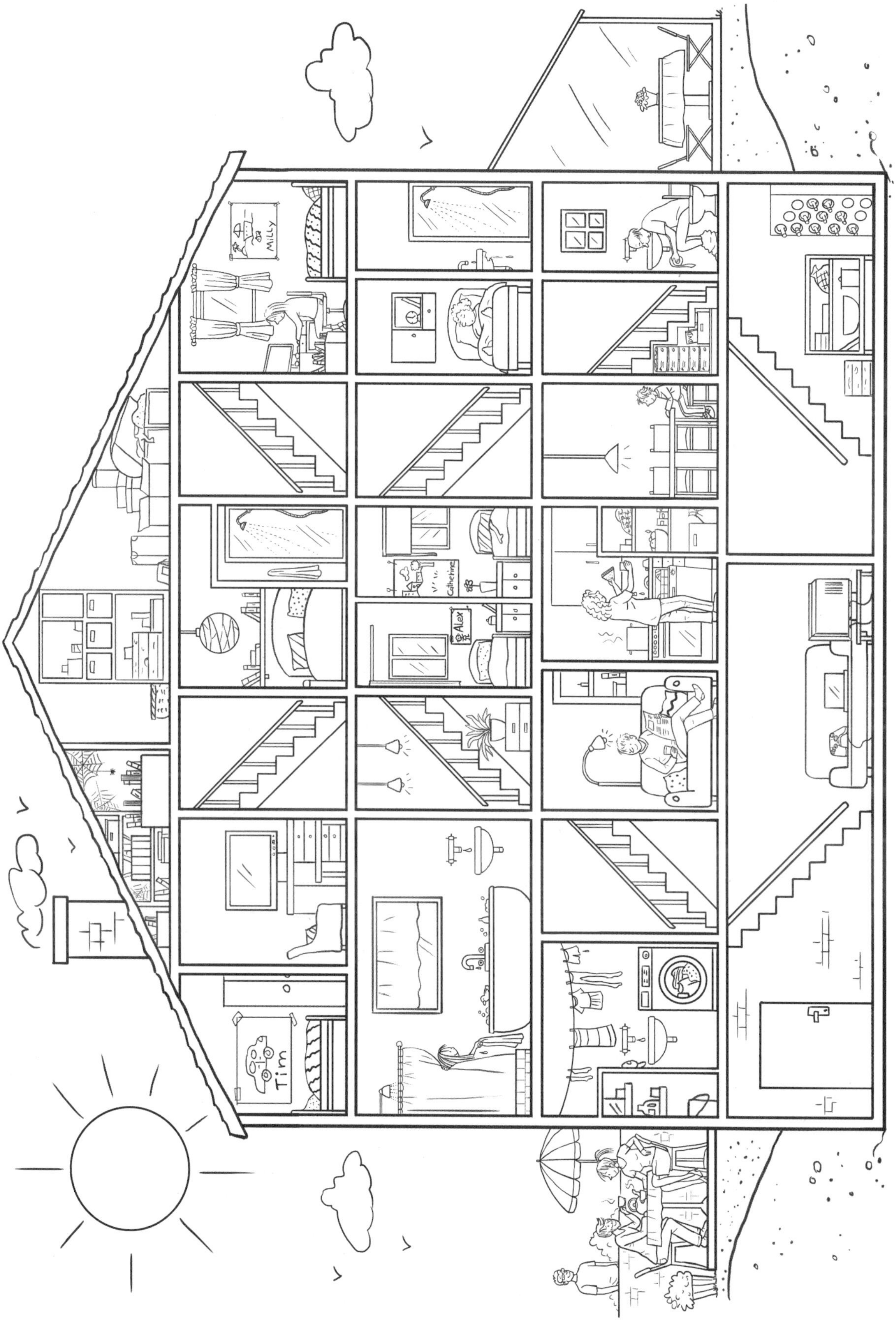

Versuchsbeschreibung 8: Erhitzen von Mais

Benötigte Materialien:
- je Gruppenmitglied: Protokoll, *Lerntheke 1*
- Schreibmaterial für jedes Gruppenmitglied (Bleistift und Radiergummi)
- Arbeitsplatte
- 1 Messzylinder (10 ml)
- 1 Drahtgestell
- 1 Teelicht mit Drahtgestell
- 1 leere Teelichthülle (aus Aluminium)
- 1 Tiegelzange
- 1 Mörser mit Pistill
- Streichhölzer
- 5 ml Maiskörner

Schutzmaßnahmen:
Schutzbrille! Lange Haare zurückbinden. Lange Ärmel hochschieben. Keine Schals oder baumelnde Kleidung!

1

Vorbereitung:
1. Wenn das eure erste Station ist: Jedes Gruppenmitglied bekommt das Protokoll und benötigt Schreibmaterial.
2. Besorgt euch die Materialien und richtet euren Arbeitsplatz her.

2

Aufbau:

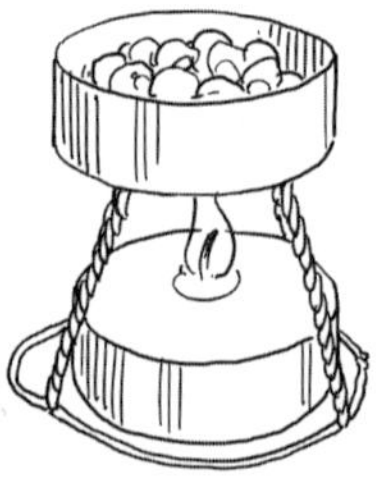

3

Durchführung:
1. Messt mithilfe des Messzylinders 5 ml Maiskörner ab.
2. Gebt die Maiskörner in die leere Teelichthülle und stellt diese auf das Drahtgestell.
3. Entzündet das Teelicht und stellt das Drahtgestell mit den Maiskörnern darüber.
4. Stoppt den Erwärmungsvorgang, wenn ihr eine deutliche Veränderung der Maiskörner feststellt. Sie sollen aber nicht verkohlen!
5. Nehmt zwei gepoppte Maiskörner und versucht diese mithilfe des Mörsers zu zerreiben. Vergleicht mit den Maiskörnern zu Beginn des Versuchs.
6. Notiert eure Beobachtung in das Protokoll. Notiert dazu alle Veränderungen in den Stoffeigenschaften.
7. Wertet den Versuch aus. Vervollständigt hierzu das Arbeitsblatt *Lerntheke 1*.

4

Aufräumen:
- Räumt euren Arbeitsplatz auf, wenn ihr mit der Arbeit fertig seid und alle Materialien abgekühlt sind.
- Das Popcorn nicht essen! Reste in den Restmüll geben.

5

Weiterführende Aufgabe:
Führt weitere Versuche bzw. Aufgaben der Arbeitsblätter *Lerntheke 2* bzw. *3* aus.

Versuchsbeschreibung 9: Rösten von Kaffee

Benötigte Materialien:
- je Gruppenmitglied: Protokoll, *Lerntheke 1*
- Schreibmaterial für jedes Gruppenmitglied (Bleistift und Radiergummi)
- Arbeitsplatte
- 1 Messzylinder (10 ml)
- Heizplatte
- 1 Tiegelzange / Pinzette
- 1 Mörser mit Pistill
- Rohe Kaffeebohnen

Schutzmaßnahmen:
Schutzbrille. Haare zurückbinden. Lange Ärmel hochschieben. Keine Schals oder baumelnde Kleidung! Für genügend Lüftung sorgen (Arbeit im Abzug oder bei offenem Fenster).

1

Vorbereitung:
1. Wenn das eure erste Station ist: Jedes Gruppenmitglied bekommt das Protokoll und benötigt Schreibmaterial.
2. Besorgt euch die Materialien und richtet euren Arbeitsplatz her.

2

Aufbau:

3

Durchführung:
1. Messt in einem Messzylinder 10 ml der Kaffeebohnen ab.
2. Gebt einige Kaffeebohnen auf die Heizplatte. Behaltet ein paar Kaffeebohnen für später.
3. Erhitzt die Kaffeebohnen auf der Heizplatte
4. Dreht die Kaffeebohnen während des Erwärmens immer wieder um. Verwendet dazu die Tiegelzange.
5. Stoppt den Erwärmungsvorgang, wenn sich die Kaffeebohnen in der Farbe deutlich verändern, aber nicht verkohlen!
6. Nehmt zwei geröstete Kaffeebohnen und versucht diese mithilfe des Mörsers zu zerreiben. Vergleicht das Produkt mit den rohen Kaffeebohnen zu Beginn des Versuchs.
7. Notiert eure Beobachtungen im Protokoll. Notiert dazu alle Veränderungen in den Stoffeigenschaften.
8. Wertet den Versuch aus. Vervollständigt hierzu das Arbeitsblatt *Lerntheke 1.*

4

Aufräumen:
- Räumt euren Arbeitsplatz auf, wenn ihr mit der Arbeit fertig seid und alle benutzten Gerätschaften abgekühlt sind.
- Die gerösteten Kaffeebohnen in den Restmüll geben.

5

Weiterführende Aufgabe:
Führt weitere Versuche bzw. Aufgaben der Arbeitsblätter *Lerntheke 2* bzw. *3* aus.

Versuchsbeschreibung 10: Beispiel einer Synthese

Benötigte Materialien:
- je Gruppenmitglied: Protokoll
- Schreibmaterial für jedes Gruppenmitglied (Bleistift und Radiergummi)
- Arbeitsplatte
- 1 Reagenzglas
- 1 Luftballon
- Stativ mit Zubehör (Klemme, Muffe)
- 1 Spatel
- Waage
- 1 Becherglas (hoch, 150 ml)
- Brenner
- 1 Reagenzglasklammer
- 1 Pinzette
- Kupferblech, ca. 8x3 cm, zu einer Rinne gefaltet
- Schwefel (sublimiert)

Schutzmaßnahmen:
Abzug, Schutzbrille, Schutzhandschuhe. Lange Haare zurückbinden. Lange Ärmel hochschieben. Keine Schals oder baumelnde Kleidung!

1

Vorbereitung:
1. Wenn das eure erste Station ist: Jedes Gruppenmitglied bekommt das Protokoll und benötigt Schreibmaterial.
2. Besorgt euch die Materialien und richtet euren Arbeitsplatz her.
3. Befüllt das Reagenzglas ca. 2 cm hoch mit dem Schwefelpulver.
4. Platziert mit der Pinzette das als Rinne gefaltete Kupferblech oberhalb des Schwefelpulvers.
5. Stülpt den Luftballon über das Reagenzglas.
6. Wiegt das Gesamtgewicht und notiert euer Ergebnis im Protokoll.

2

Aufbau:

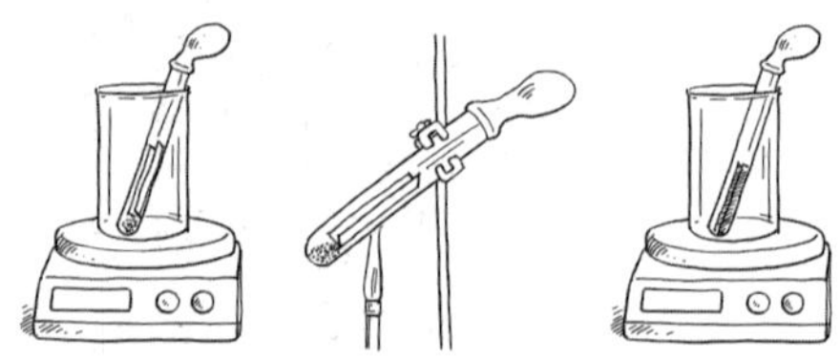

3

Durchführung:
1. Spannt das Reagenzglas schräg in das Stativ.
2. Erhitzt erst das Kupferblech mit der rauschenden Flamme, dann den Schwefel. Beendet das Erhitzen, wenn kein gelbes Schwefelpulver mehr zu sehen ist.
3. Nach dem Abkühlen wiegt nochmals das Gesamtgewicht und notiert es ebenfalls im Protokoll (Toleranzgrenze 0,3 g)[1].

4

Aufräumen:
- Räumt euren Arbeitsplatz auf, wenn ihr mit der Arbeit fertig seid.
- Kratzt die Reste aus dem Reagenzglas und gebt sie in den Behälter für „Anorganische Feststoffe“.

1 Eine Gewichtszu- bzw. abnahme von 0,3 g kann als 0 betrachtet werden.

5

Aufgaben:

1. Notiert eure Beobachtung in das Protokoll. Zeichnet dazu auch die Farben der beiden Ausgangsstoffe und die Farbe des Endstoffes. Beschreibt die Veränderung genau.
2. Ergänzt folgende Sätze. Ihr könnt als Hilfe folgende Begriffe verwenden: Farbveränderung, neuer Stoff, nicht, Elemente, verändert, keine, Kupfer, Kupfersulfid, Schwefel, Beschaffenheit, Synthese, Verbindung, aufglüht

Wird Schwefeldampf über ein heißes Kupferblech geleitet, beobachtet man, dass das Kupfer ______________________ und sich ______________________.

Bei dieser chemischen Reaktion entsteht aus zwei unterschiedlichen Stoffen (hier: ________________ und ________________) ein ________________.

Dies erkennt man unter anderem an der ______________________ und ______________________ (Konsistenz).

Das Produkt aus unterschiedlichen Elementen nennt man ______________________.

Kupfer und Schwefel sind ______________________.

Kupfer reagiert mit Schwefel zu ______________________. Eine chemische Reaktion, bei der aus Elementen ein neuer Stoff gebildet wird, nennt man ______________________.

Vergleicht man das Anfangsgewicht mit dem Endgewicht, stellt man fest, dass sich das Gewicht der eingesetzten Stoffe ________ verändert hat.

Diese Beobachtung beim Gewicht bedeutet: Bei einer chemischen Reaktion geht ________ Masse verloren.

Merke:
Die Masse der Ausgangsstoffe ist immer gleich der Masse der Reaktionsprodukte bei einer chemischen Reaktion.

6

Weiterführende Aufgabe:

3. Ergänzt die Tabelle mit eigenen Bildern und Erklärungen.

a) Experiment	b) Reaktionspartner im Teilchenmodell	c) Massenvergleich
Bilder:	Bilder:	Bilder:
Erklärung:	Erklärung:	Erklärung:

7

Weiterführende Aufgaben:

4. Erstellt ein Energiediagramm für diese Reaktion. Begründet, ob es sich um eine endotherme oder exotherme Reaktion handelt.
5. Erstellt ein Video, in dem ihr erklärt, welche Vorgänge sich bei einer Synthese abspielen. Beispiele für ein Erklärvideo findet ihr beispielsweise online. Bevor das Video vorgestellt wird, überlegt euch Fragen, die die Zuschauer beim Betrachten des Videos beantworten sollen.

Benötigte Materialien: Smartphone oder sonstige Kamera, Schwefelpulver und Kupferblech (Zeichnung), Brennerflamme (Zeichnung), gelbe, rote und blaue Knete, Waage (real oder Zeichnung).

Versuchsbeschreibung 11: Beispiel einer Analyse

Benötigte Materialien:
- je Gruppenmitglied: Protokoll
- Schreibmaterial für jedes Gruppenmitglied (Bleistift und Radiergummi)
- Arbeitsplatte, feuerfest
- 1 Reagenzglas
- 1 Reagenzglasklammer
- 1 Spatel
- Brenner
- Kupfer(II)-acetat-Monohydrat

Schutzmaßnahmen:
- Achtet bei diesem Versuch auf die Gefahren beim Umgang mit Feuer und haltet euch genau an die Anweisungen eures Lehrers!
- Schutzbrille. Lange Haare zurückbinden. Lange Ärmel hochschieben.
- Keine Schals oder baumelnde Kleidung.

1

Vorbereitung:
1. Wenn das eure erste Station ist: Jedes Gruppenmitglied bekommt das Protokoll und benötigt Schreibmaterial.
2. Besorgt euch die Materialien und richtet euren Arbeitsplatz her.

2

Aufbau:

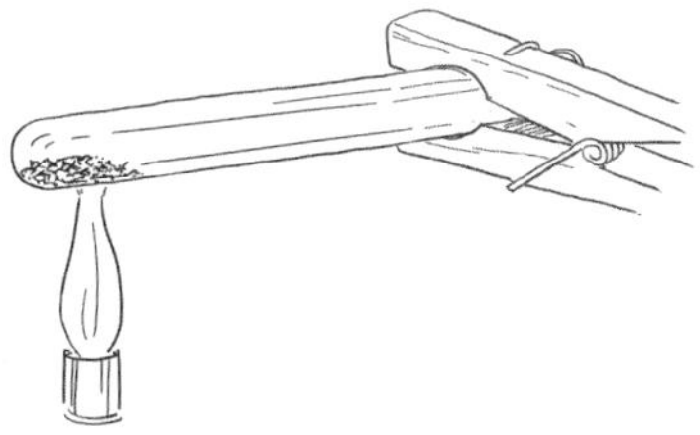

3

Durchführung:
1. Gebt einen Spatel Kupfer(II)-acetat in das Reagenzglas.
2. Haltet das Reagenzglas schräg über der rauschenden Flamme.

4

Aufräumen:
- Räumt euren Arbeitsplatz auf, wenn ihr mit der Arbeit fertig seid und alle benutzten Gerätschaften abgekühlt sind.
- Entsorgt die Reste in den Abfallbehälter für „Anorganische Reststoffe“.

5

Aufgaben:
1. Beschreibt den Verlauf des Experiments mit allen Beobachtungen in das Protokoll.
2. Beschreibt die neu entstandenen Stoffe und stellt Vermutungen auf, welche Stoffe entstanden sind. Achtet dabei auf Geruch und Farbe.
3. Beschreibt, was mit der Verbindung Kupferacetat passiert ist.
4. Erstellt ein Reaktionsschema (Wortgleichung) für diese Reaktion.

6

Weiterführende Aufgabe:

5. Ergänzt das Schema mit Pfeilen und nachfolgenden Begriffen:
Kupfer, Kupferacetat, Essigsäure, Element, Verbindung (2x), Feststoff, Dampf, Metall

			+	
			+	
			+	

7

Weiterführende Aufgabe:

6. Spielt das Experiment in der Gruppe nach und macht daraus eine Fotostory. Stellt euch dabei vor, die einzelnen Stoffe könnten sprechen. Schreibt euch zur Kennzeichnung Schilder mit folgenden Begriffen: Kupfer, Kupferacetat, Essigsäure, Energie, Analyse

8

Weiterführende Aufgaben:

7. Skizziert die chemische Reaktion von obigem Versuch im Teilchenmodell.

8. Wasser (H_2O) soll in seine Elemente zerlegt werden:
   A) Recherchiert dazu,
      1. welche Stoffe entstehen,
      2. wie Wort- und Formelgleichung geschrieben werden,
      3. wie eine Analyse genannt wird, die mithilfe von elektrischem Strom durchgeführt wird.
   B) Skizziert die chemische Reaktion der Zerlegung von Wasser im Teilchenmodell.

Sicherheitshinweise

Enthaltene Gefahrstoffe

- Versuchsbeschreibung 1: Eisen/Aluminium/Bariumnitrat (Wunderkerzen)
- Versuchsbeschreibung 4: Ammoniumchlorid
- Versuchsbeschreibung 6a: Kupfer(II)-sulfat, wasserfrei
- Versuchsbeschreibung 7: Ammoniumchlorid
- Versuchsbeschreibung 8: Ammoniumnitrat
- Versuchsbeschreibung 10: Calciumchlorid
- Versuchsbeschreibung 11: Zinksulfat-Heptahydrat

Details, s. Gefährdungsbeurteilung, ab S. 103.

Fachliche Hinweise

Bei der Bildung von neuen Produkten aus unterschiedlichen Edukten, der Herstellung von Lösungen oder auch bei Kristallisationen sind Energieänderungen (Energieumsätze) festzustellen. Diese sind meist in Form von Erwärmung bzw. Abkühlung, aber auch in Form von Licht oder sogar Explosionen zu beobachten. Man unterscheidet zwischen exothermen und endothermen Reaktionen.

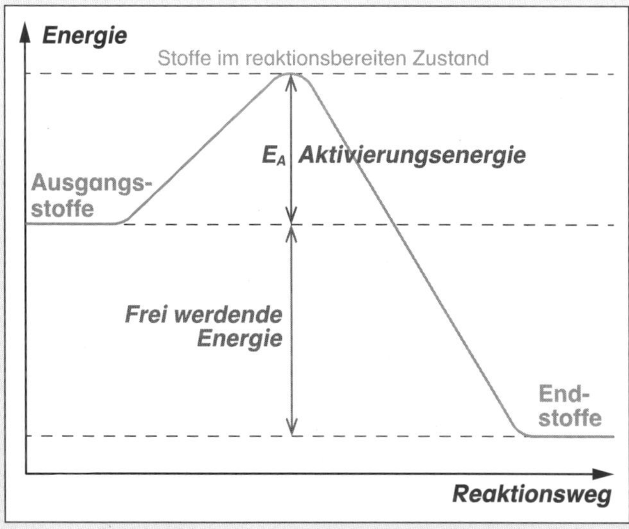

Abb. 1: Energiediagramm einer exothermen Reaktion

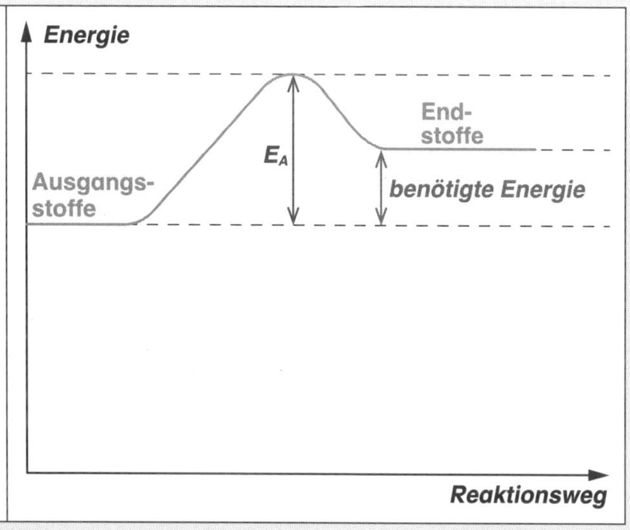

Abb. 2: Energiediagramm einer endothermen Reaktion

Energiediagramm einer exothermen Reaktion (Abb. 1):
Die Kurve lässt sich wie folgt erklären: Die Ausgangsstoffe bei einer chemischen Reaktion besitzen eine bestimmte Energie – so wie jeder von uns eine bestimmte Kraft besitzt. Bei einer exothermen Reaktion brauchen die Ausgangsstoffe etwas Anschubenergie, damit die Reaktion verlaufen kann. Diese Anschubenergie wird Aktivierungsenergie genannt. Diese Energie reicht aus, damit die Reaktion von allein – ohne weitere Energiezufuhr – abläuft, so wie beispielsweise ein Grillfeuer, das angefacht wird und dann von allein weiterbrennt. Das wird auch beim Entzünden des Gases Butan in einem Feuerzeug deutlich: Reibungsenergie erzeugt einen Funken, der ausreicht, um das Butan in Brand zu setzen. Bei den meisten Stoffumwandlungen muss eine gewisse Energie zugeführt werden, damit die Reaktion in Gang gesetzt wird.

Die Energie, die während der Reaktion nach außen abgegeben wird, ist die sogenannte frei werdende Energie oder **Reaktionsenergie**. Meist nehmen wir diese nach außen abgegebene Energie in Form von Wärme, Licht oder Feuer wahr. Das Energieniveau der Produkte (z. B. die Asche) einer solchen Reaktion liegt niedriger als das der Ausgangsstoffe (z. B. die Grillkohle).

Energiediagramm einer endothermen Reaktion (Abb. 2):
Ist das Energieniveau der Produkte größer als das der Ausgangsstoffe, so spricht man von einer endothermen Reaktion. Meist erkennen wir solche endothermen Reaktionen daran, dass sich das Produkt kälter anfühlt als vorher (z. B. bei Lösungsvorgängen bestimmter Salze in Wasser oder beim Aktivieren eines „Kühlpacks" für Sportler). Solche Reaktionen enden auch, sobald keine Energie mehr zugeführt wird. Als Beispiel kann hier die Analyse (Zerlegung) von Wasser in Wasserstoff und Sauerstoff angeführt werden: Sobald hier die notwendige Stromzufuhr abgeschaltet wird, entstehen keine Gase mehr.
Eine endotherme Reaktion benötigt im Gegensatz zur exothermen Reaktion also dauerhaft Energiezufuhr, um ablaufen zu können.

Zu den Versuchen:
Energieumsätze bei Lösungsvorgängen und Kristallisation
Exotherme und endotherme Vorgänge lassen sich sehr anschaulich und erfahrbar machen, wenn Salze in Wasser oder Ethanol gelöst werden; ebenso bei Kristallisationsvorgängen, wie es bei den Taschenwärmern der Fall ist.

Zwei energetische Betrachtungen spielen hier eine wesentliche Rolle:
a) die Gitterenergie
b) die Hydratationsenergie

Zu a): Die Größe der Gitterenergie von Salzen wird durch die folgenden zwei Faktoren bestimmt:
1. Durch die elektrische Anziehungskraft zwischen den positiv geladenen Anionen und den negativ geladenen Kationen: Je größer die Ionen sind, desto kleiner ist auch die Gitterenergie. Grund dafür ist, dass mit zunehmender Entfernung der positiv geladenen Atomkerne von der negativen Elektronenhülle auch die Anziehungskräfte der Atomkerne zu der negativen Elektronenhülle des Bindungspartners abnehmen.
2. Durch die elektrische Ladung der beteiligten Ionen: Bei großen Ladungen sind die Anziehungskräfte stärker und somit die Gitterenergie größer.

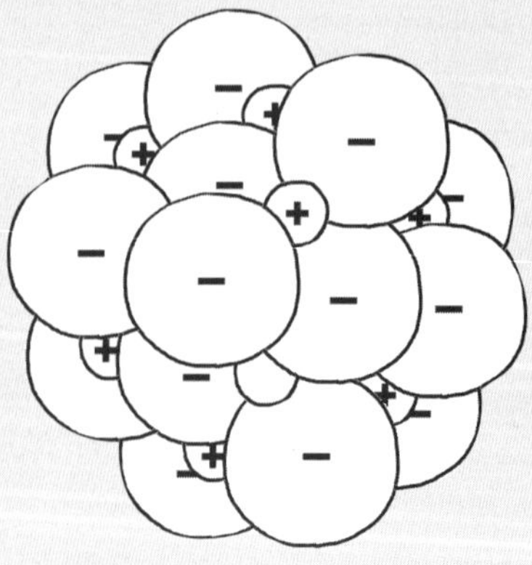

Zu b): Bei der Hydratation lagern sich die Ionen des Wassers um die Ionen des Salzes. Dabei wird der Kristallverband aufgebrochen und dann völlig aufgelöst, bis schließlich alle Salz-Ionen von Wassermolekülen umlagert sind. Auch hier ist die Hydratationsenergie abhängig von der Größe und der Ladung der Ionen: Je kleiner die Ionen und je höher die Ladung, desto höher ist auch die Hydratationsenergie.

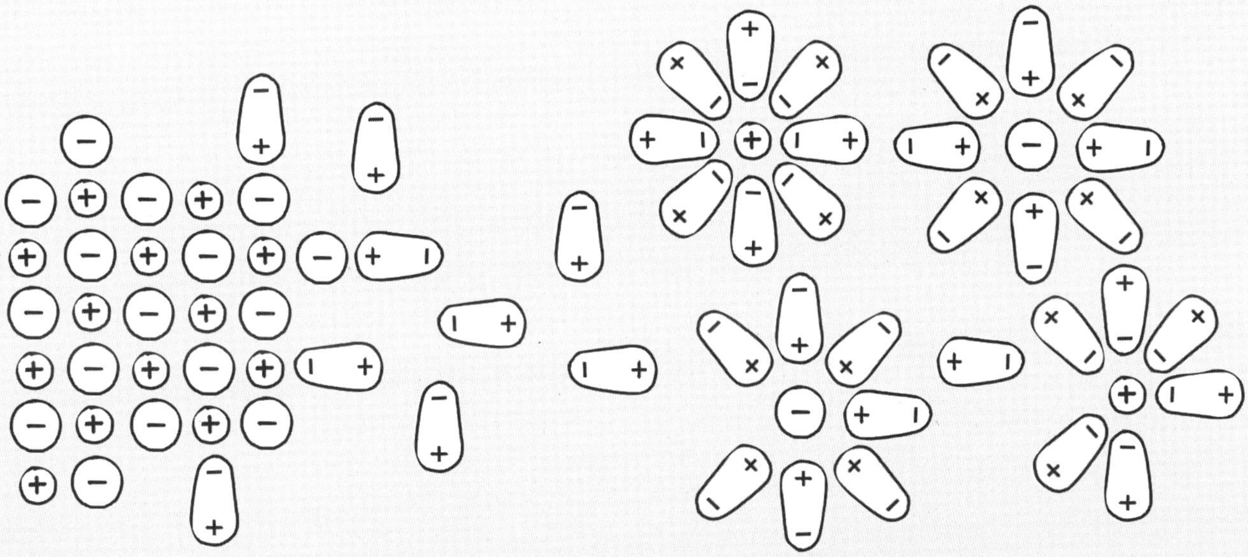

Ist die Hydratationsenergie größer als die Gitterenergie, erwärmt sich die Lösung. Es handelt sich dann um eine exotherme Reaktion. Ein Beispiel hierfür ist das Lösen von wasserfreiem Calcium(II)-Chlorid ($CaCl_2$) in Wasser. Exotherme Reaktionen treten bei vielen schnell löslichen Salzen auf.

Reicht die Hydratationsenergie nicht aus, um das Kristallgitter aufzulösen, wird die noch benötigte Energie der Energie des Wassers entzogen. Die Lösung kühlt dadurch ab, es handelt sich um eine endotherme Reaktion. Ein Beispiel hierfür ist der Lösevorgang von Ammoniumnitrat ($NH_4(NO_3)$) in Wasser.
Da Gitterenergie und Hydratationsenergie sowie die genauen Berechnungen dazu keine Rolle in der Sekundarstufe I spielen, lernen die Schüler dies nur am Phänomen und evtl. in der Teilchenvorstellung kennen.

Didaktische Hinweise

Grundsätzlich besitzen alle Stoffe ein bestimmtes Maß an Energie, das bei chemischen Reaktionen eine entscheidende Rolle spielt. Deshalb ist es wichtig, dass im Unterricht zum Verständnis chemischer Reaktionen energetische Aspekte integriert werden.
Für die im Lernschritt II „Energetische Umsätze bei chemischen Reaktionen“ durchzuführenden Experimente verwenden die Schüler Stoffe, die ihnen aus dem Alltag direkt oder indirekt bekannt sind, z. B. Dünger, Kochsalz, Kohle, Trockenmittel, Wärmekissen und Wunderkerzen.

Lernvoraussetzungen
Damit die Schüler die gestellten Aufgaben lösen und entscheiden können, ob es sich jeweils um eine exotherme oder endotherme Reaktion handelt, muss die Lehrkraft folgende Unterrichtsinhalte zuvor behandelt haben:

- Kennzeichen und Definition exothermer Reaktionen
- Kennzeichen und Definition endothermer Reaktionen
- Energiediagramm einer exothermen Reaktion, Begriffe: Aktivierungsenergie, frei werdende Energie (= Reaktionsenergie), aktivierter Zustand etc.
- Energiediagramm einer endothermen Reaktion (s. o.)
- Zeichnen von Diagrammen

Aufgaben und Experimente sind für die Schüler entsprechend ihrem Lernniveau unterschiedlich gekennzeichnet:

- Auf Niveau 1 lernen die Schüler anhand von Alltagsstoffen wie Grillkohle und Salz die Phänomene exothermer und endothermer Reaktionen kennen. Sie stellen ihre Beobachtungen und Ergebnisse in einem Protokoll zusammen (S. 38–42).
- Auf Niveau 2 lernen die Schüler in alltagsnahen Experimenten die Variablen so einzusetzen, dass die Stärke des Energieumsatzes beeinflussbar ist. In einer Tabelle vergleichen die Schüler ihre Beobachtungen und stellen in Verlaufsdiagrammen die Auswirkungen ihrer Experimente dar (S. 43–48).
- Auf Niveau 3 erfolgt die bildliche Veranschaulichung / Abstraktion der errechneten Energieumsätze von Wärme- und Kältelösungen mithilfe von Balken-, Säulen- und Kurvendiagrammen (S. 49–57).

In der sich anschließenden Sicherung in Form von Lapbooks werden alle Ergebnisse gesammelt und sich ergänzend dargestellt. Dabei bilden die Schüler aus den differenzierten Gruppen neue, heterogene Gruppen, an denen alle Lernniveaus beteiligt sind (S. 58–61).

Tabellarischer Ablauf

	Niveau	Sozialform	Zeitlicher Ablauf/Inhalt	Produkte	Kopiervorlage
II Energieumsätze bei chemischen Reaktionen					
			1. Erarbeitung		
	Niveau 1	Partner- oder Gruppenarbeit	Unterscheidung exothermer und endothermer Reaktionen auf phänomenaler Ebene	Protokoll 1 Skizzen	Protokoll 1 (Niveau 1), Versuchsbeschreibungen 1–4 (Niveau 1)
	Niveau 2	Partner- oder Gruppenarbeit	Variation und Messung exothermer und endothermer Reaktionen auf Basis experimenteller Erkenntnisse	Protokoll 2 Energiediagramme	Protokoll 2 (Niveau 2), Versuchsbeschreibungen 5–8 (Niveau 2)
	Niveau 3	Partner- oder Gruppenarbeit	Grafische Abstraktion exothermer und endothermer Reaktionen auf Basis experimenteller Erkenntnisse Recherche	Balken-, Kurven- und Säulendiagramme	Versuchsbeschreibungen 9–12, Vorlage Drehbuch
			2. Ergebnisse sichern		
	alle	Partner- oder Gruppenarbeit	Kreative Darstellung der Erkenntnisse in einem Lapbook	Lapbook	Aufgabenblatt Lapbook, Lapbookvorlagen 1–4

Protokoll 1: Heiße und kalte Reaktionen

Versuch Nr. ___	Wir untersuchen ______________________ (hier den Versuchstitel eintragen)
Skizze	
Durchführung	
Beobachtung	Streichholz lässt sich entflammen: ☐ ja ☐ nein Temperatur ☐ steigt ☐ bleibt gleich ☐ sinkt
Auswertung	

Versuchsbeschreibung 1: Eine Wunderkerze brennt

Benötigte Materialien:
- je Gruppenmitglied: *Protokoll 1*
- Arbeitsplatte, feuerfest
- Wunderkerzen (Eisen/Aluminium/Bariumnitrat)
- Feuerzeug
- Streichhölzer (für jedes Gruppenmitglied 1)
- 1 Becherglas (für Abfall)

Schutzmaßnahmen:
Schutzbrille. Der Versuch wird unter dem Abzug oder im Freien durchgeführt. Bei Benutzen des Abzugs feuerfeste Arbeitsplatte verwenden; im Freien auf eine nicht brennbare Umgebung achten. Lange Haare zurückbinden. Lange Ärmel hochschieben. Keine Schals oder baumelnde Kleidung!

1

Vorbereitung:
1. Wenn das eure erste Station ist: Jedes Gruppenmitglied bekommt das *Protokoll 1* und benötigt Schreibmaterial.
2. Besorgt euch die Materialien und richtet euren Arbeitsplatz her.

2

Durchführung:
1. Holt euch eine Wunderkerze und ein Feuerzeug. Entzündet mithilfe des Feuerzeugs die Wunderkerze und wartet, bis sie fast abgebrannt ist.
2. Haltet den Kopf eines Streichholzes so an die glühende Stelle der Wunderkerze wie in der Abbildung.

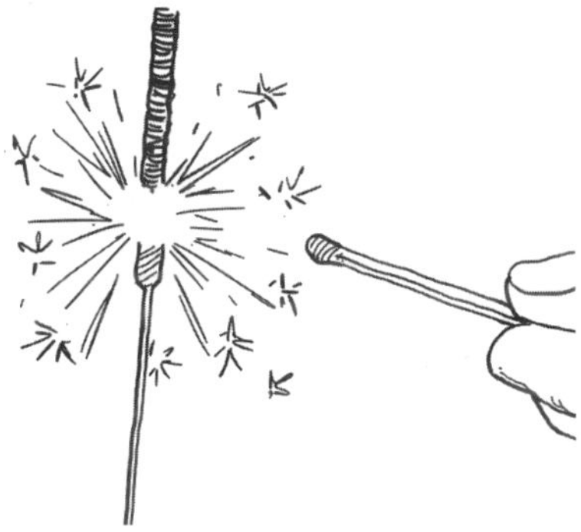

3

Aufgabe:
1. Was passiert mit dem Streichholz? Notiert eure Beobachtungen im Protokoll.
2. Wertet den Versuch aus. Handelt es sich um eine endotherme oder exotherme Reaktion? Notiert eure Auswertung im Protokoll.

4

Aufräumen:
- Räumt euren Arbeitsplatz auf, wenn ihr mit der Arbeit fertig seid.
- Entsorgt die Streichhölzer im bereitgestellten Becherglas.
- Gebt die abgebrannte Wunderkerze nach dem Abkühlen in den Behälter für „Anorganische Feststoffe".

Versuchsbeschreibung 2: Grillkohle verbrennt

Benötigte Materialien:
- je Gruppenmitglied: *Protokoll 1*
- feuerfeste Unterlage
- Grillkohle
- Tiegelzange
- Brenner
- Streichhölzer (für jedes Gruppenmitglied 1)
- 1 Becherglas (für Abfall, zur Hälfte mit Wasser gefüllt)

Schutzmaßnahmen:
Schutzbrille. Für gute Lüftung sorgen (Abzug oder am offenen Fenster)!
Lange Haare zusammenbinden. Im Stehen arbeiten.
Der Versuch kann am Arbeitsplatz mit feuerfester Unterlage durchgeführt werden.

1

Vorbereitung:
1. Wenn das eure erste Station ist: Jedes Gruppenmitglied bekommt das *Protokoll 1* und benötigt Schreibmaterial.
2. Besorgt euch die Materialien und richtet euren Arbeitsplatz her.

2

Durchführung:
1. Stellt den Brenner auf die feuerfeste Unterlage.
2. Entzündet den Brenner mithilfe eines Streichholzes.
3. Dreht die Luftzufuhr so weit auf, dass die blaue, rauschende Flamme entsteht.
4. Greift ein Stück Holzkohle mit der Tiegelzange und erhitzt sie so lange in der Flamme, bis sie glüht.
5. Dreht die Gaszufuhr zum Brenner ab, sodass er nicht mehr brennt.
6. Haltet den Kopf eines Streichholzes so an die glühende Stelle der Holzkohle wie in der Abbildung.

3

Aufgabe:
1. Was passiert mit dem Streichholz? Notiert eure Beobachtungen im Protokoll.
2. Wertet den Versuch aus. Handelt es sich um eine endotherme oder exotherme Reaktion? Notiert eure Auswertung im Protokoll.

4

Aufräumen:
- Räumt euren Arbeitsplatz auf, wenn ihr mit der Arbeit fertig seid.
- Entsorgt die Kohle und die Streichhölzer im bereitgestellten Becherglas.

Versuchsbeschreibung 3: Mais wird zu Popcorn

Benötigte Materialien:
- je Gruppenmitglied: *Protokoll 1*
- Arbeitsplatte, feuerfest
- Popcornmais (3 Körner)
- Brenner
- Dreifuß mit Ceranplatte
- Tiegelzange
- Streichhölzer (für jedes Gruppenmitglied 1)
- Glas- oder Petrischale
- 1 Becherglas (für Abfall, zur Hälfte mit Wasser gefüllt)

Schutzmaßnahmen:
Schutzbrille verwenden. Lange Haare zusammenbinden. Im Stehen arbeiten.
Der Versuch kann am Arbeitsplatz durchgeführt werden.

1

Vorbereitung:
1. Wenn das eure erste Station ist: Jedes Gruppenmitglied bekommt das *Protokoll 1* und benötigt Schreibmaterial.
2. Besorgt euch die Materialien und richtet euren Arbeitsplatz her.

2

Durchführung:
1. Entzündet mithilfe eines Streichholzes den Brenner.
2. Legt drei Maiskörner auf die Ceranplatte.
3. Stellt den Brenner, der auf der Arbeitsplatte steht, unter den Dreifuß.
4. Dreht die Luftzufuhr so weit auf, dass die blaue, rauschende Flamme entsteht.
5. Erhitzt die Maiskörner so lange, bis mindestens zwei Maiskörner aufgepoppt sind.
6. Dreht die Gaszufuhr zum Brenner ab, sodass er nicht mehr brennt.
7. Legt die gepoppten Maiskörner mithilfe der Tiegelzange in die Schale.
8. Haltet den Kopf eines Streichholzes so an das Popcorn wie in der Abbildung.

3

Aufgabe:
1. Was passiert mit dem Streichholz? Notiert eure Beobachtungen im Protokoll.
2. Wertet den Versuch aus. Handelt es sich um eine endotherme oder exotherme Reaktion? Notiert eure Auswertung im Protokoll.

4

Aufräumen:
- Räumt euren Arbeitsplatz auf, wenn ihr mit der Arbeit fertig seid.
- Entsorgt das Popcorn und die Streichhölzer im bereitgestellten Becherglas.

Versuchsbeschreibung 4: Ammoniumchlorid und Wasser

Benötigte Materialien:
- je Gruppenmitglied: *Protokoll 1*
- Arbeitsplatte
- Reagenzglas im Reagenzglasständer
- Gummistopfen
- Spatel
- Thermometer
- Ammoniumchlorid ⟨!⟩
- Wasser

Schutzmaßnahmen:
Schutzbrille verwenden.

1

Vorbereitung:
1. Wenn das eure erste Station ist: Jedes Gruppenmitglied bekommt das *Protokoll 1* und benötigt Schreibmaterial.
2. Besorgt euch die Materialien und richtet euren Arbeitsplatz her.

2

Durchführung:
1. Füllt das Reagenzglas halb voll mit Wasser.
2. Messt die Temperatur des Wassers mit dem Thermometer.
3. Gebt einen gehäuften Spatel Ammoniumchlorid in das Reagenzglas.
4. Verschließt das Reagenzglas mit dem Gummistopfen und schüttelt kräftig, sodass sich das Salz auflöst.
5. Nehmt den Gummistopfen ab und messt nochmals die Temperatur.

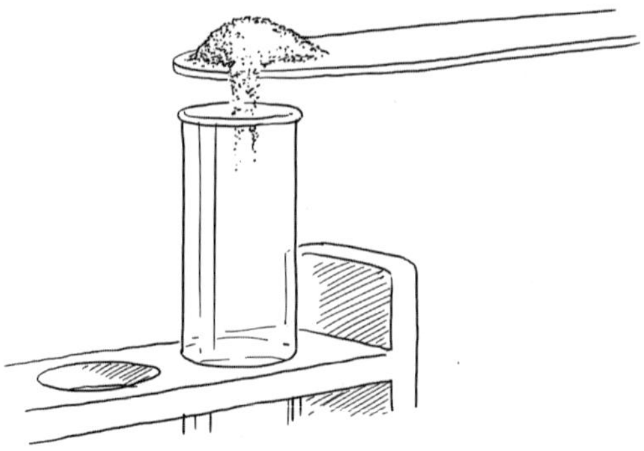

3

Aufgabe:
1. Hat sich die Temperatur verändert? Notiert eure Beobachtungen im Protokoll.
2. Wertet den Versuch aus. Handelt es sich um eine endotherme oder exotherme Reaktion? Notiert eure Auswertung im Protokoll.

4

Aufräumen:
- Räumt euren Arbeitsplatz auf, wenn ihr mit der Arbeit fertig seid.
- Entsorgt die Salzlösung im Abfallbehälter „Anorganische Salzlösungen".

Protokoll 2: Exotherm oder endotherm?

Nr.	Versuchstitel	Exotherme oder endotherme Reaktion?	Begründung
1		Anfangstemperatur: ______ Zwischentemperatur: ______ Endtemperatur: ______ Energiedifferenz: ______ ☐ exotherm ☐ endotherm	
2		Anfangstemperatur: ______ Zwischentemperatur: ______ Endtemperatur: ______ Energiedifferenz: ______ ☐ exotherm ☐ endotherm	
3		Anfangstemperatur: ______ Zwischentemperatur: ______ Endtemperatur: ______ Energiedifferenz: ______ ☐ exotherm ☐ endotherm	
4		Anfangstemperatur: ______ Zwischentemperatur: ______ Endtemperatur: ______ Energiedifferenz: ______ ☐ exotherm ☐ endotherm	

Versuchsbeschreibung 5: Natriumacetat und Wasser

Benötigte Materialien:
- je Gruppenmitglied: *Protokoll 2*
- Arbeitsplatte
- 1 Becherglas (100 ml)
- 1 Messzylinder
- Spatel oder Glasstab (zum Rühren)
- Thermometer
- Natriumacetat (wasserfrei)
- dest. Wasser
- Waage
- 3 leere Teelichthüllen

1

Vorbereitung:
1. Wenn das eure erste Station ist: Jedes Gruppenmitglied bekommt das *Protokoll 2* und benötigt Schreibmaterial.
2. Besorgt euch die Materialien und richtet euren Arbeitsplatz her.

2

Aufbau:

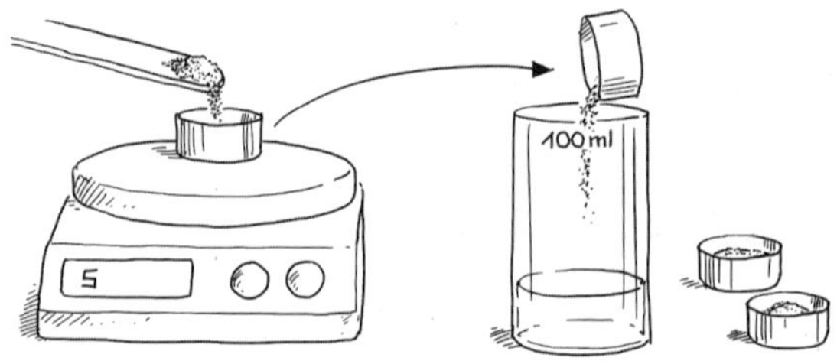

3

Durchführung:
1. Füllt das Becherglas mit 20 ml Wasser.
2. Messt die Anfangstemperatur des Wassers und tragt sie im Protokoll ein.
3. Wiegt in den 3 Teelichtbehältern jeweils 5 g Natriumacetat ab.
4. Schüttet den Inhalt der ersten Teelichthülle in das Wasser und rührt um. Messt die Temperatur, nachdem sich alles gelöst hat. Wiederholt den Vorgang mit den beiden anderen Teelichtbehältern. Notiert dabei jeweils die höchste Temperatur.

4

Aufgabe:
1. Um wie viel Grad Celsius hat sich die Temperatur insgesamt verändert? Fasst eure Ergebnisse im Protokoll zusammen.
2. Handelt es sich aufgrund eurer Messungen um eine exotherme oder endotherme Reaktion? Notiert die begründete Antwort im Protokoll.
3. Zeichnet ein Energiediagramm für den Verlauf dieser Reaktion. Tragt folgende Begriffe ein: Natriumacetat – Salzlösung – umrühren – Wärme

5

Aufräumen:
- Räumt euren Arbeitsplatz auf, wenn ihr mit der Arbeit fertig seid.
- Entsorgt die Salzlösung im Ausgussbecken.

Versuchsbeschreibung 6a: Kupfersulfat und Wasser

Benötigte Materialien:
- je Gruppenmitglied: *Protokoll 2*
- Arbeitsplatte
- Spatellöffel
- Teelichthülle
- Thermometer
- Pipette (3 ml)
- dest. Wasser
- Kupfer(II)-sulfat, wasserfrei

Schutzmaßnahmen:
Schutzhandschuhe verwenden! Schutzbrille tragen!

1 Vorbereitung:
1. Wenn das eure erste Station ist: Jedes Gruppenmitglied bekommt das *Protokoll 2* und benötigt Schreibmaterial.
2. Besorgt euch die Materialien und richtet euren Arbeitsplatz her.

2 Aufbau:

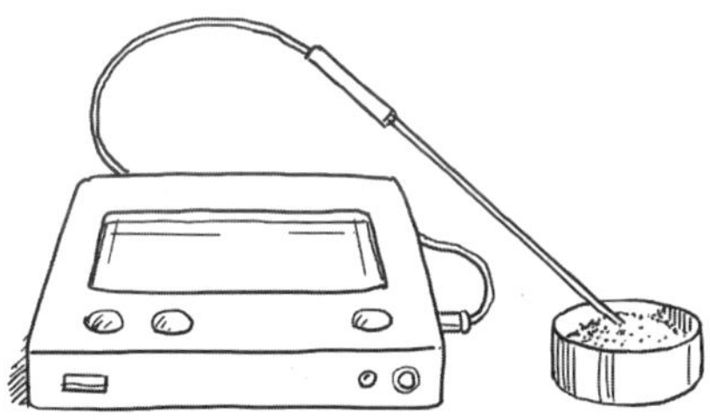

3 Durchführung:
1. Gebt einen Spatellöffel Kupfer(II)-sulfat in die Teelichthülle.
2. Haltet das Thermometer in das Kupfersalz und messt die Anfangstemperatur.
3. Gebt mit der Pipette 2–3 ml Wasser hinzu.
4. Beobachtet den Temperaturverlauf und notiert ihn im Protokoll.

4 Aufgaben:
1. Um wie viel Grad Celsius hat sich die Temperatur insgesamt verändert? Fasst eure Ergebnisse im Protokoll zusammen.
2. Handelt es sich aufgrund dieser Ergebnisse um eine exotherme oder endotherme Reaktion? Notiert die begründete Antwort im Protokoll.
3. Zeichnet ein Energiediagramm für den Verlauf dieser Reaktion. Ordnet dabei folgende Begriffe zu: Kupfersulfat wasserfrei – Einlagerung von Wasser – frei werdende Energie – Wärme – Kupfersulfat mit eingelagertem Wasser

5 Aufräumen:
- Räumt euren Arbeitsplatz auf, wenn ihr mit der Arbeit fertig seid.
- Entsorgt das entstandene blaue Kupfersulfat in den Abfallbehälter „Schwermetallsalze".

Versuchsbeschreibung 6b: Brennendes Streichholz

Benötigte Materialien:
- je Gruppenmitglied: *Protokoll 2*
- Streichholz
- Arbeitsplatte

Schutzmaßnahmen:
Schutzbrille tragen. Lange Haare zusammenbinden. Lange Ärmel hochschieben. Keine Schals oder baumelnde Kleidung!

1

Vorbereitung:
1. Wenn das eure erste Station ist: Jedes Gruppenmitglied bekommt das *Protokoll 2* und benötigt Schreibmaterial.
2. Besorgt euch die Materialien und richtet euren Arbeitsplatz her.

2

Durchführung:
Nehmt ein Streichholz und reibt es an der Streichholzschachtel.

3

Aufgabe:
Zeichnet ein Energiediagramm für den Verlauf dieser Reaktion. Ordnet dabei folgende Begriffe zu: Streichholz – Reibung – Aktivierungsenergie – frei werdende Energie – Licht – Wärme

Versuchsbeschreibung 6c: Knicklicht

Benötigte Materialien:
- je Gruppenmitglied: *Protokoll 2* und Schreibmaterialien (Bleistift und Radiergummi)
- Knicklicht

1

Ort:
Ein dunkler Ort ist von Vorteil, aber man kann das Experiment auch in einem dunklen Schuhkarton durchführen.

2

Durchführung:
Nehmt ein Knicklicht und knickt es.

3

Aufgabe:
Zeichnet ein Energiediagramm für den Verlauf dieser Reaktion. Ordnet dabei folgende Begriffe zu: Knicklichtstab – knicken – Aktivierungsenergie – frei werdende Energie – Licht

Versuchsbeschreibung 7: Ammoniumchlorid und Wasser

Benötigte Materialien:
- je Gruppenmitglied: *Protokoll 2*
- Arbeitsplatte
- großes Reagenzglas
- Spatel
- Glasstab (zum Rühren)
- Thermometer
- Waage
- 3 Rundfilter
- Messzylinder
- Ammoniumchlorid ⟨!⟩
- dest. Wasser

1

Vorbereitung:
1. Wenn das eure erste Station ist: Jedes Gruppenmitglied bekommt das *Protokoll 2* und benötigt Schreibmaterial.
2. Besorgt euch die Materialien und richtet euren Arbeitsplatz her.

2

Durchführung:
1. Füllt 20 ml Wasser in das Reagenzglas.
2. Messt die Temperatur des Wassers und tragt sie im Protokoll ein.
3. Wiegt auf den drei Rundfiltern je 5 g Ammoniumchlorid ab.
4. Gebt in das Reagenzglas 5 g des Salzes.
5. Schüttelt das Reagenzglas, haltet es dabei am oberen Rand fest.
6. Messt die Temperatur, wenn sich das Salz komplett gelöst hat.
7. Gebt nun weitere 5 g des Salzes hinzu, schüttelt und stellt die tiefste Temperatur fest.
8. Gebt nun weitere 5 g des Salzes hinzu, schüttelt und stellt die tiefste Temperatur fest.

3

Aufgaben:
1. Um wie viel Grad Celsius hat sich die Temperatur insgesamt verändert? Fasst eure Ergebnisse im Protokoll zusammen.
2. Handelt es sich aufgrund dieses Ergebnisses um eine exotherme oder endotherme Reaktion? Notiert die Antwort im Protokoll.
3. Zeichnet ein Energiediagramm für den Verlauf dieser Reaktion. Ordnet dabei folgende Begriffe zu: Salzlösung – Ammoniumchlorid – Kälte – schütteln

4

Aufräumen:
- Räumt euren Arbeitsplatz auf, wenn ihr mit der Arbeit fertig seid.
- Die Lösung in den Behälter „Anorganische Salzlösungen" geben.

5

Extra Challenge:

Folgende Materialien stehen zur Verfügung:
- 2 Zip-Beutel
- 30 g Ammoniumchlorid
- 250–300 ml Wasser (die Menge ist abhängig von der Größe des Zip-Beutels)

Beschreibe, wie du den Kühlpack bauen und dann die Kühlreaktion unterwegs in Gang setzen würdest.

Versuchsbeschreibung 8: Dünger (Ammoniumnitrat) und Wasser

Benötigte Materialien:
- je Gruppenmitglied: *Protokoll 2*
- Arbeitsplatte
- 1 Becherglas (100 ml)
- Spatel
- Glasstab (zum Rühren)
- Thermometer
- Messzylinder
- Ammoniumnitrat
- dest. Wasser
- Waage
- 3 leere Teelichthüllen
- 1 großes Becherglas für den Abfall

Schutzmaßnahmen: Schutzbrille tragen. Schutzhandschuhe verwenden.

1

Vorbereitung:
1. Wenn das eure erste Station ist: Jedes Gruppenmitglied bekommt das *Protokoll 2* und benötigt Schreibmaterial.
2. Besorgt euch die Materialien und richtet euren Arbeitsplatz her.

2

Aufbau:

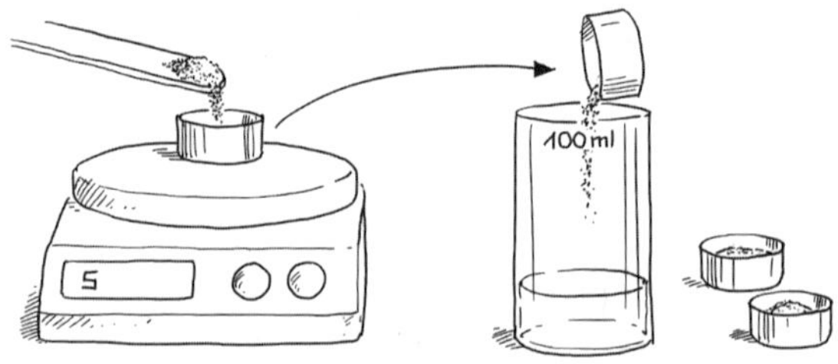

3

Durchführung:
1. Füllt das Becherglas mit 15 ml Wasser.
2. Messt die Temperatur des Wassers und tragt sie im Protokoll ein.
3. Wiegt in den drei Teelichthüllen jeweils 5 g Ammoniumnitrat ab.
4. Schüttet den Inhalt der ersten Teelichthülle in das Wasser und rührt um. Messt die Temperatur, nachdem sich alles gelöst hat. Messvorgang je nach Zugabe des zweiten und dritten Teelichtbehälters wiederholen. Notiert dabei die niedrigste Temperatur.

4

Aufgabe:
1. Um wie viel Grad Celsius hat sich die Temperatur insgesamt verändert? Fasst eure Ergebnisse im Protokoll zusammen.
2. Handelt es sich aufgrund dieser Ergebnisse um eine exotherme oder endotherme Reaktion? Notiert eure begründete Antwort im Protokoll.
3. Zeichnet ein Energiediagramm für den Verlauf dieser Reaktion. Ordnet dabei folgende Begriffe zu: Salzlösung – Ammoniumnitrat – Kälte – umrühren

5

Aufräumen:
- Räumt euren Arbeitsplatz auf, wenn ihr mit der Arbeit fertig seid.
- Gebt die Salzlösung in das große Becherglas und entsorgt dessen Inhalt in den Behälter „Anorganische Salzlösungen“.

Versuchsbeschreibung 9: „Heißes" Kurvendiagramm mit „heißem Schnee"

Benötigte Materialien:
- Arbeitsplatte
- Thermometer mit Temperaturfühler
- ca. 50 g Natriumacetat-Trihydrat-Kristalle
- Becherglas (100 ml)
- Messzylinder (50 ml)
- dest. Wasser oder Leitungswasser
- Spatel
- Heizplatte
- Stoppuhr
- Waage

1

Vorbereitung:
1. Wenn das eure erste Station ist: Jedes Gruppenmitglied benötigt Schreibmaterial.
2. Besorgt euch die Materialien und richtet euren Arbeitsplatz her.
3. Verteilt zunächst folgende drei Rollen unter euch: Zeitwächter, Experimentator, Protokollant.

2

Aufbau:

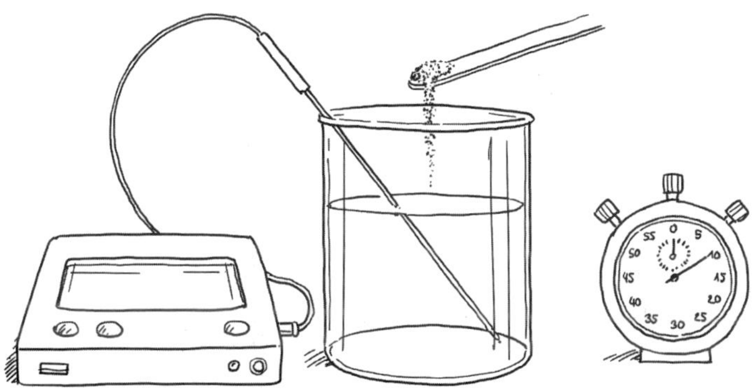

3

Durchführung:
1. 30 g Natriumacetat-Trihydrat in ein Becherglas geben und dieses mit 25 ml Wasser auffüllen und umrühren. Den Inhalt des Becherglases auf der Heizplatte erwärmen, damit sich der Feststoff löst.
2. Danach die Lösung abkühlen lassen.
3. Der Experimentator gibt etwa 2–3 Kristalle Natriumacetat-Trihydrat in die Lösung und misst die Anfangstemperatur, die der Protokollant in die Tabelle unter Punkt 4 notiert.
4. Gleichzeitig startet der Zeitwächter die Stoppuhr und sagt alle 5 Sekunden „jetzt". Der Experimentator liest nun alle 5 Sekunden die Temperatur ab, die der Protokollant notiert. Wenn die Temperatur nicht mehr steigt, wird die Zeitmessung beendet.

4

Tabelle zur Temperaturmessung:

Zeit [in Sek.]	0	5	10	15	20	25	30	35	...
Temperatur [in °C]	(Anfangstemperatur)								
Zeit [in Sek.]		...							
Temperatur [in °C]									

5

Aufgabe:

1. Übertragt die Zahlenwerte der Tabelle in das Kurvendiagramm. Dabei ist die Temperatur die y-Achse, die Zeit die x-Achse.
2. Beschreibt den Verlauf der Messung mit euren eigenen Worten.

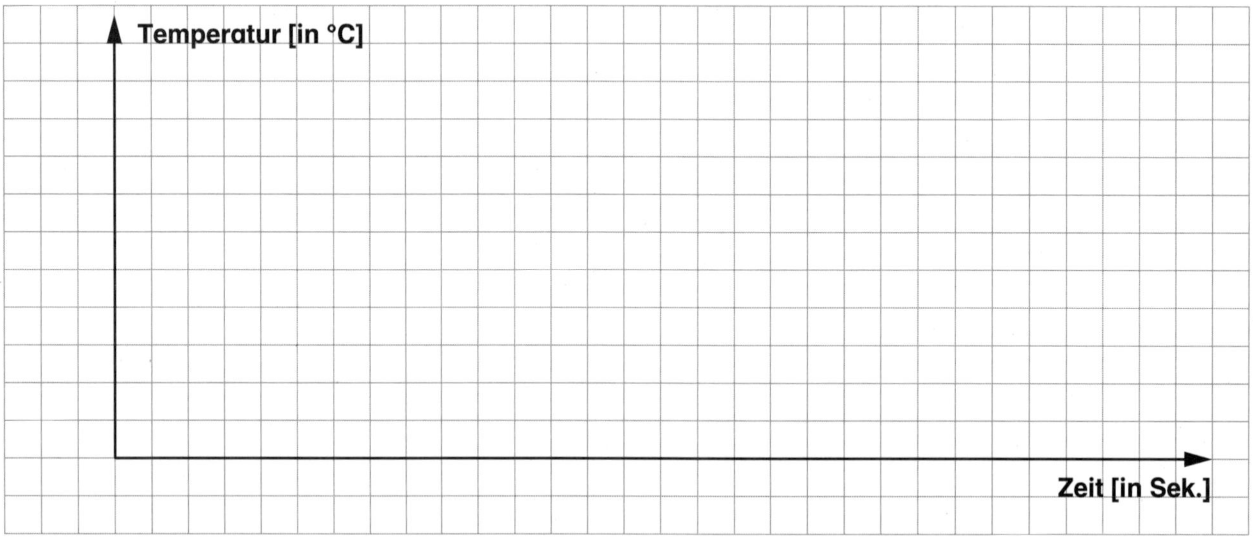

6

Aufräumen:

- Räumt euren Arbeitsplatz auf, wenn ihr mit der Arbeit fertig seid.
- Die Salzlösung für weitere Versuche aufheben, erwärmen und wieder kühl stellen.

Versuchsbeschreibung 10: Säulendiagramm mit Trockenmittel

Benötigte Materialien:
- Arbeitsplatte
- Becherglas (50 ml)
- Glasstab (zum Rühren)
- Thermometer
- Messzylinder (10 ml)
- Calciumchlorid ⚠
- Wasser
- Stoppuhr

Schutzmaßnahmen:
Schutzhandschuhe und Schutzbrille verwenden.

1

Vorbereitung:
1. Wenn das eure erste Station ist: Jedes Gruppenmitglied benötigt Schreibmaterial.
2. Besorgt euch die Materialien und richtet euren Arbeitsplatz her.
3. Verteilt zunächst folgende drei Rollen unter euch: Zeitwächter, Experimentator, Protokollant.

2

Aufbau:

3

Durchführung:
1. Das Calciumchlorid bis zur 20 ml-Markierung in das Becherglas füllen.
2. Der Experimentator stellt das digitale Thermometer in das Salz und misst die Anfangstemperatur, die der Protokollant in nachfolgende Tabelle notiert.
3. Zu dem Salz werden nun 10 ml Wasser gegeben.
4. Gleichzeitig startet der Zeitwächter die Stoppuhr und sagt alle 5 Sekunden „jetzt". Der Experimentator liest nun alle 5 Sekunden die Temperatur ab, die der Protokollant notiert. Wenn die Temperatur nicht mehr steigt, wird die Zeitmessung beendet.

4

Tabelle zur Temperaturmessung:

Zeit [in Sek.]	0	5	10	15	20	25	30	35	…
Temperatur [in °C]	(Anfangstemperatur)								
Zeit [in Sek.]		…							
Temperatur [in °C]									

5

Aufgabe:

1. Übertragt die Zahlenwerte der Tabelle in das Säulendiagramm. Dabei ist die Temperatur die y-Achse, die Zeit die x-Achse.
2. Beschreibt den Verlauf der Messung mit euren eigenen Worten.

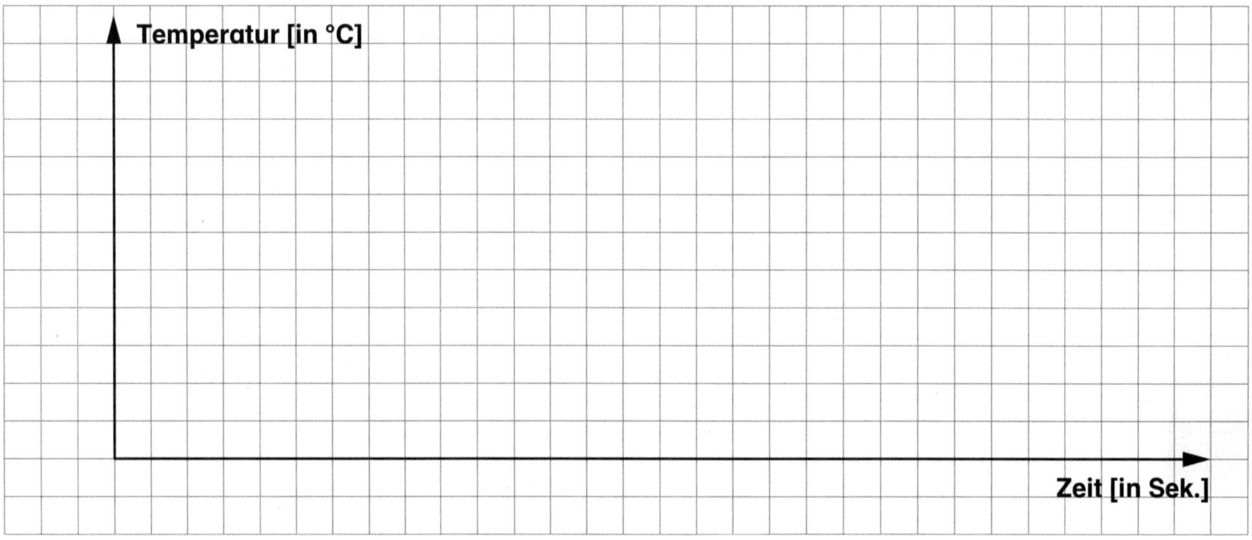

6

Aufräumen:

- Räumt euren Arbeitsplatz auf, wenn ihr mit der Arbeit fertig seid.
- Die Masse mit Wasser versetzen und in einem Plastikbeutel in den Restmüll geben.

Versuchsbeschreibung 11: Spontane Abkühlung mit dem Balkendiagramm

Benötigte Materialien:
- Arbeitsplatte
- 1 Becherglas (100 ml)
- 2 Wägeschalen
- Thermometer mit Temperaturfühler
- Zinksulfat-Heptahydrat
- Kaliumchlorid
- Glasstab
- Stoppuhr

Schutzmaßnahmen:
Schutzhandschuhe und Schutzbrille verwenden.

1

Vorbereitung:
1. Wenn das eure erste Station ist: Jedes Gruppenmitglied benötigt Schreibmaterial.
2. Besorgt euch die Materialien und richtet euren Arbeitsplatz her.
3. Verteilt zunächst folgende drei Rollen unter euch: Zeitwächter, Experimentator, Protokollant.

2

Aufbau:

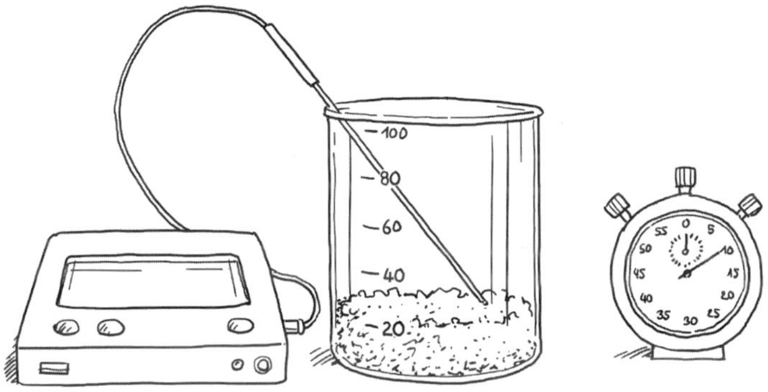

3

Durchführung:
1. Zunächst 12,9 g Zinksulfat-Heptahydrat und 6,6 g Kaliumchlorid in je eine Wägeschale abwiegen.
2. Beide Salze **gleichzeitig** in das Becherglas geben.
3. Mit dem digitalen Thermometer die Anfangstemperatur messen, die der Protokollant in nachfolgende Tabelle notiert.
4. Der Experimentator rührt nun das Gemisch mit dem Glasstab um, gleichzeitig startet der Zeitwächter die Stoppuhr und sagt alle 10 Sekunden „jetzt". Unter stetigem Rühren liest der Experimentator nun alle 10 Sekunden die Temperatur ab, die der Protokollant notiert. Wenn die Temperatur sich nicht mehr verändert, wird die Zeitmessung beendet.

4 **Tabelle zur Temperaturmessung:**

Zeit [in Sek.]	0	10	20	30	40	50	60	70	...
Temperatur [in °C]	(Anfangs-temperatur)								
Zeit [in Sek.]		...							
Temperatur [in °C]									

5 **Aufgabe:**

1. Übertragt die Zahlenwerte der Tabelle in das Balkendiagramm. Dabei ist die Temperatur die x-Achse, die Zeit die y-Achse.
2. Beschreibt den Verlauf der Messung mit euren eigenen Worten.

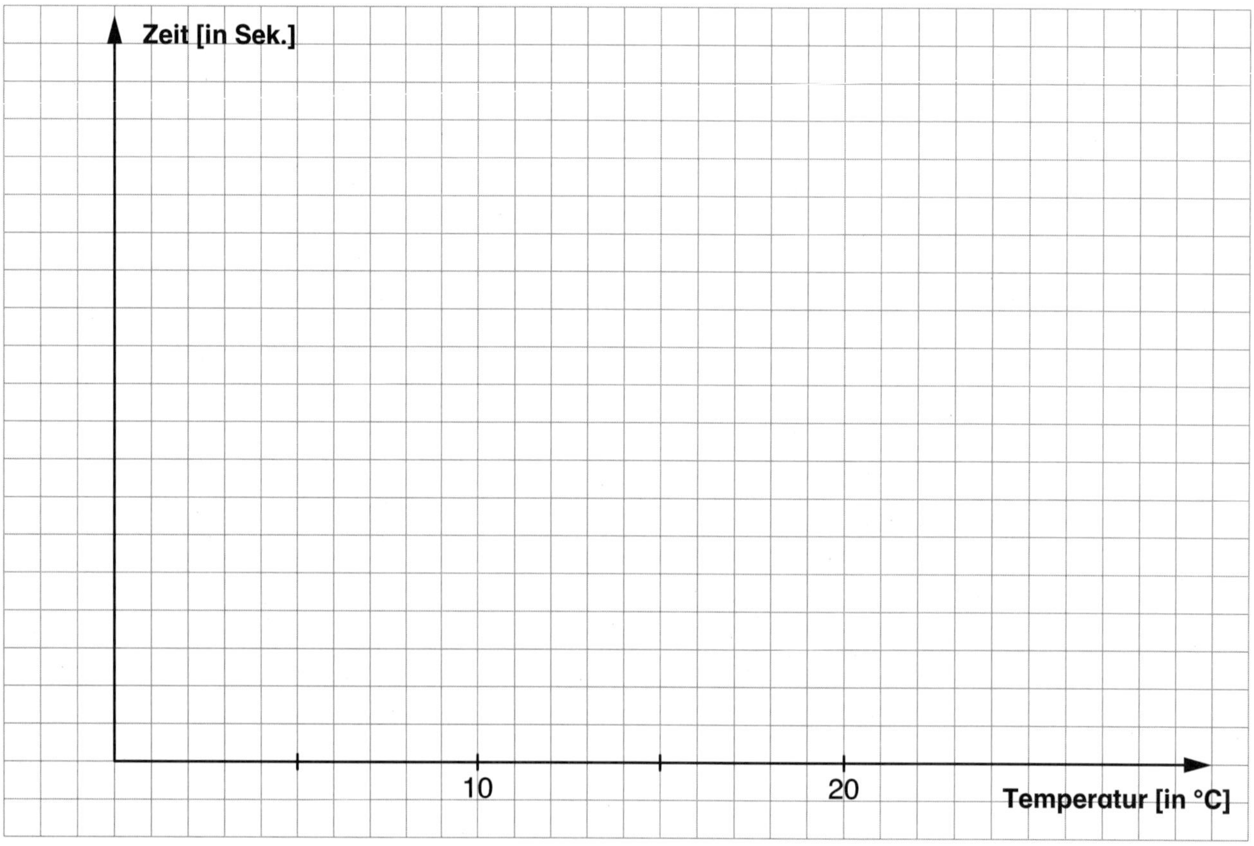

6 **Aufräumen:**

- Räumt euren Arbeitsplatz auf, wenn ihr mit der Arbeit fertig seid.
- Die Masse mit Wasser versetzen und in einem Plastikbeutel in den Restmüll geben.

Versuchsbeschreibung 12: Cooles Drehbuch mit „coolem Salz"

Benötigte Materialien:
- je Gruppenmitglied: *Vorlage: Drehbuch „Cooles Salz"*
- Arbeitsplatte
- 1 Becherglas (1 000 ml)
- 1 langer Glasstab zum Rühren
- Thermometer mit Temperaturfühler
- 1 Becherglas (250 ml)
- Natriumchlorid (Kochsalz)
- zerkleinerte Eiswürfel (z. B. „Crushed Ice" aus einem Beutel)
- Stoppuhr
- Reagenzglas
- Sahne oder Schokomilch

1

Vorbereitung:
1. Wenn das eure erste Station ist: Jedes Gruppenmitglied bekommt das *Drehbuch „Cooles Salz"* und benötigt Schreibmaterial.
2. Besorgt euch die Materialien und richtet euren Arbeitsplatz her.
3. Verteilt zunächst folgende drei Rollen unter euch: Zeitwächter, Experimentator, Protokollant.

2

Aufbau:

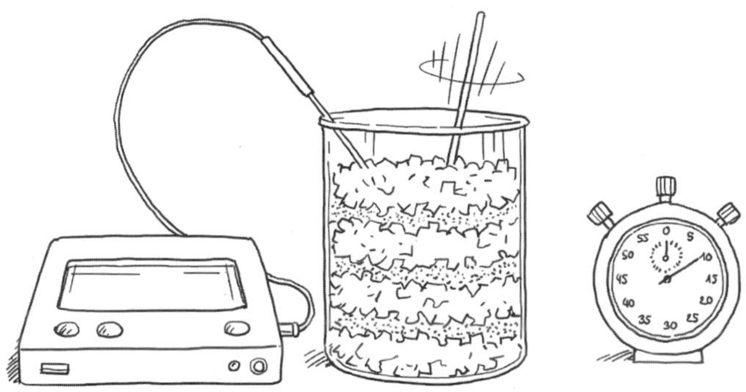

3

Durchführung:
1. Das Reagenzglas zu 1/3 mit kalter Sahne oder Schokomilch füllen und in den Reagenzglasständer stellen.
2. Das große Becherglas 2–3 cm hoch mit zerkleinertem Eis füllen und darüber 1 cm hoch Natriumchlorid geben. Dies dreimal zügig wiederholen, sodass vier Eis-Salz-Schichten entstehen.
3. Der Experimentator hält nun das Thermometer in die Mitte des Salz-Eis-Gemisches und nennt die Anfangstemperatur, die der Protokollant in nachfolgende Tabelle notiert.
4. Nun startet der Zeitwächter die Stoppuhr und sagt alle 5 Sekunden „jetzt". Währenddessen rührt der Experimentator die Masse um und nennt alle 5 Sekunden die Temperatur, die der Protokollant in der Tabelle notiert. Wenn die Temperatur nicht mehr sinkt, wird die Zeitmessung beendet.
5. Abschließend das Reagenzglas mit kalter Sahne in die Kältemischung stellen.

4 **Tabelle zur Temperaturmessung:**

Zeit [in Sek.]	0	10	20	30	40	50	60	70	...		
Temperatur [in °C]	(Anfangs-temperatur)										
Zeit [in Sek.]		...									
Temperatur [in °C]											

5 **Aufgabe:**

1. Was passiert mit dem Inhalt des Reagenzglases? Beobachtet genau.
2. Zeichnet aus den Beobachtungen eine Bildergeschichte mit einer originellen Überschrift. Verwendet dafür das *Drehbuch „Cooles Salz"*.
3. Beschreibt, was mit der Sahne passiert.
4. Recherchiert, in welchen Bereichen der Lebensmittelindustrie man sich eine solche Kältemischung zunutze macht.

6 **Aufräumen:**

- Räumt euren Arbeitsplatz auf, wenn ihr mit der Arbeit fertig seid.
- Die Salzlösung und der Inhalt des Reagenzglases können in den Ausguss gegeben werden.

Vorlage: Drehbuch „Cooles Salz“

1 (Bild)

(Text)

2

3

4

5

Vorlage: Ein Lapbook erstellen

Erstellt in Partner- oder Kleingruppenarbeit ein Lapbook zum Thema exotherme und endotherme Reaktionen.

Benötigte Materialien:
- pro Lapbook: 1 einfarbiger DIN A3 Tonkarton
- *Lapbookvorlagen 1–4* (oder Vorlagen aus dem Internet)
- Schere
- Schreibmaterial
- Leim/Kleber
- evtl. Locher und Musterklammer

Was ist ein Lapbook?
Ein Lapbook ist eine mehrfach aufklappbare Mappe aus einem einfarbigen DIN A3 Tonkarton. Darauf werden Minibücher geklebt, die jeweils ein Teilthema abdecken. Sie müssen meist erst aufgeklappt oder gedreht werden, um gelesen werden zu können.

Beachtet dabei Folgendes:

1. Findet eine passende Überschrift zum Thema exotherme und endotherme Reaktionen. Schreibt sie in die Mitte eures Tonkartons.
2. Teilt die Innenbereiche des Lapbooks in verschiedene Bereiche ein (z. B. „endotherme Reaktionen", „exotherme Reaktionen", „Experimente", „Grafiken", „Fachbegriffe" oder andere). Schreibt zu diesen Bereichen jeweils eine kurze Überschrift.
3. Gestaltet das Innenleben des Lapbooks kreativ. Wählt dazu unterschiedliche Kopiervorlagen aus.
4. Schreibt zu den 3D-Teilen im Lapbook einen Auftrag, sodass der Lesende weiß, was er machen soll (z. B. „Falte die Ecken auf und finde Beispiele für exotherme Reaktionen" oder „Erstelle mit den Puzzleteilen ein Bild eines Experiments.").
5. Schreibt kurze Sätze, deutlich und groß.
6. Verwendet Textmarker, um etwas hervorzuheben und/oder unterstreicht Wichtiges.
7. Verwendet Pfeile und Symbole – sie helfen dem Leser, sich im Lapbook zu orientieren.
8. Schreibt auf die Rückseite a) wer das Lapbook gestaltet hat und b) dein Kommentar zur Zusammenarbeit: Was war für dich interessant/verblüffend/anstrengend? Was hat Spaß gemacht? Welche Tipps hast du für den Leser? Auch hier darfst du in kreativer Weise zusätzlich Zeichnungen und Fotos zur Gestaltung verwenden.

Lapbookvorlage 1

Drehscheibe

So gehst du vor:

1 Schneide beide Kreise an der schwarzen Linie aus.
2 Lege den kleinen Kreis mittig auf den größeren Kreis.
3 Verbinde beide Kreise durch die Mitte mit einer Musterklammer, sodass du den kleinen Kreis drehen kannst.
4 Klebe den großen Kreis auf dein Lapbook. Achte darauf, dass sich die obere Scheibe frei drehen lässt.

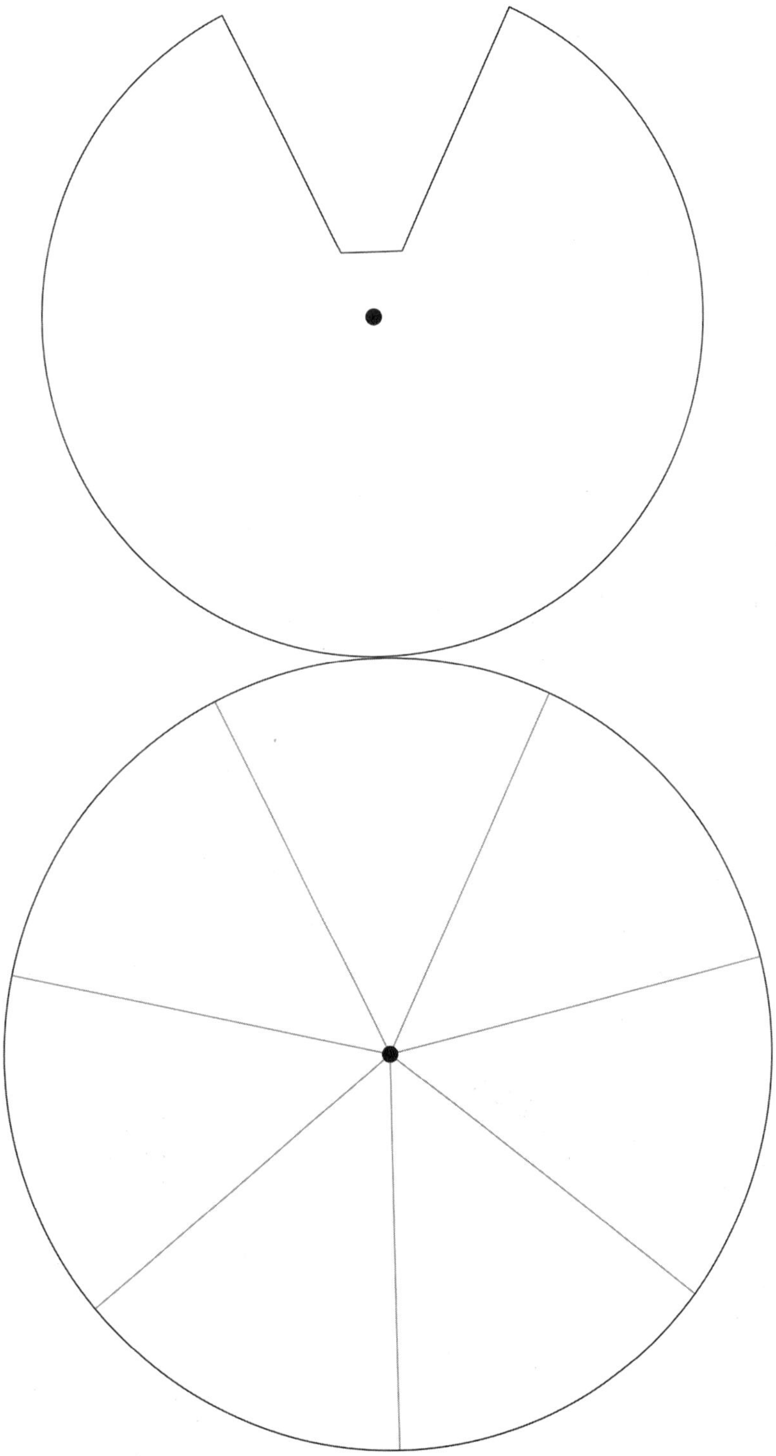

Lapbookvorlage 2

Register

So gehst du vor:

1 Schneide die Titelseite und alle Karten jeweils an der schwarzen Linie aus.
2 Lege die Registerkarten in der richtigen Reihenfolge hintereinander und drehe sie um.
3 Klebe die Karten am linken Rand zusammen.
4 Klebe die Rückseite der letzten Registerkarte auf dein Lapbook.

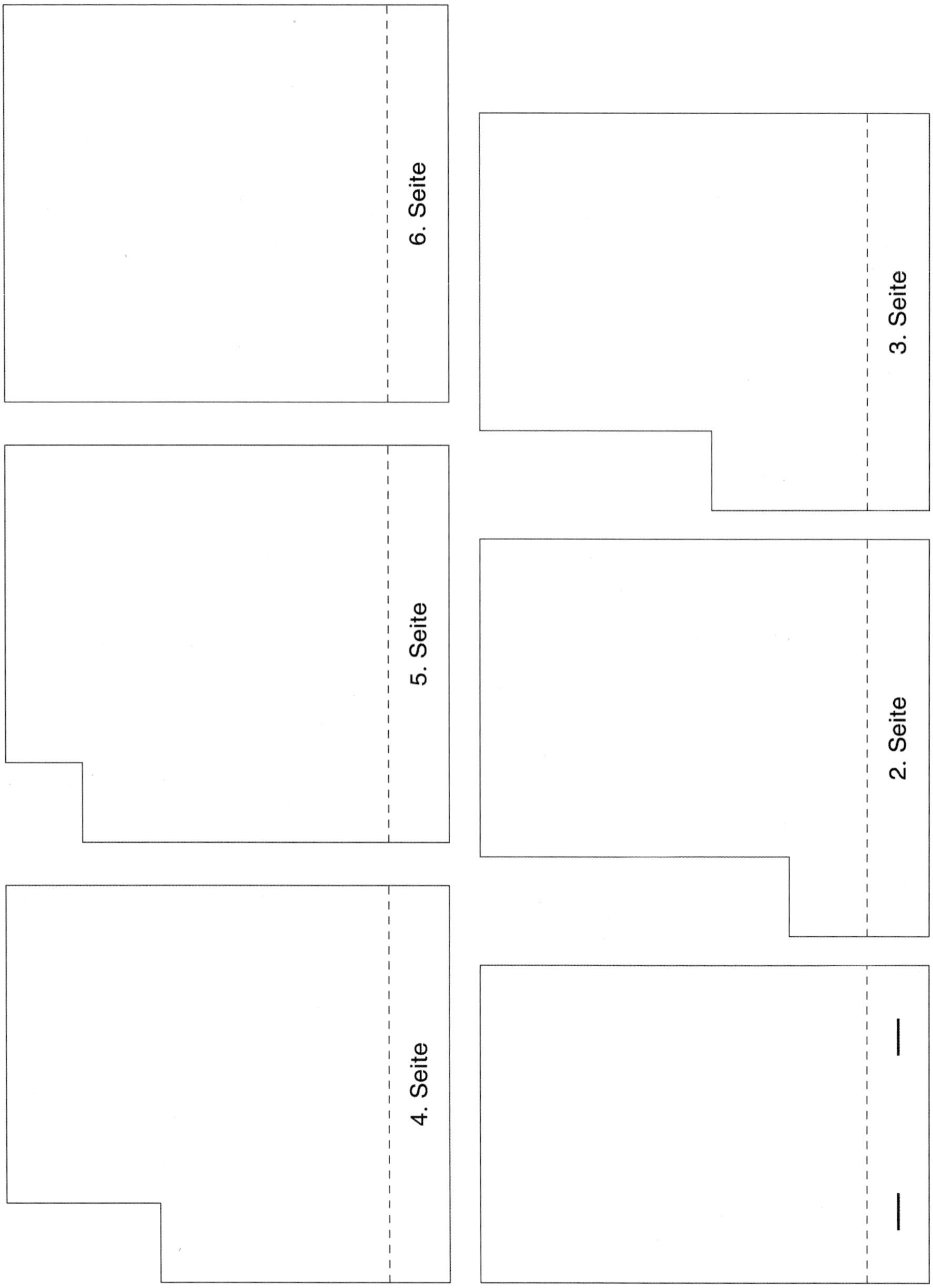

Lapbookvorlage 3 & 4

Leporello-Pfeil/Kreisleporello

So gehst du vor:

1 Schneide die Vorlage an der schwarzen Linie aus.

2 Falte die Bestandteile an den gestrichelten Linien wie eine Ziehharmonika zusammen. Zum Schluss ist nur noch ein Bestandteil sichtbar.

3 Klebe die Rückseite des Leporellos in dein Lapbook.

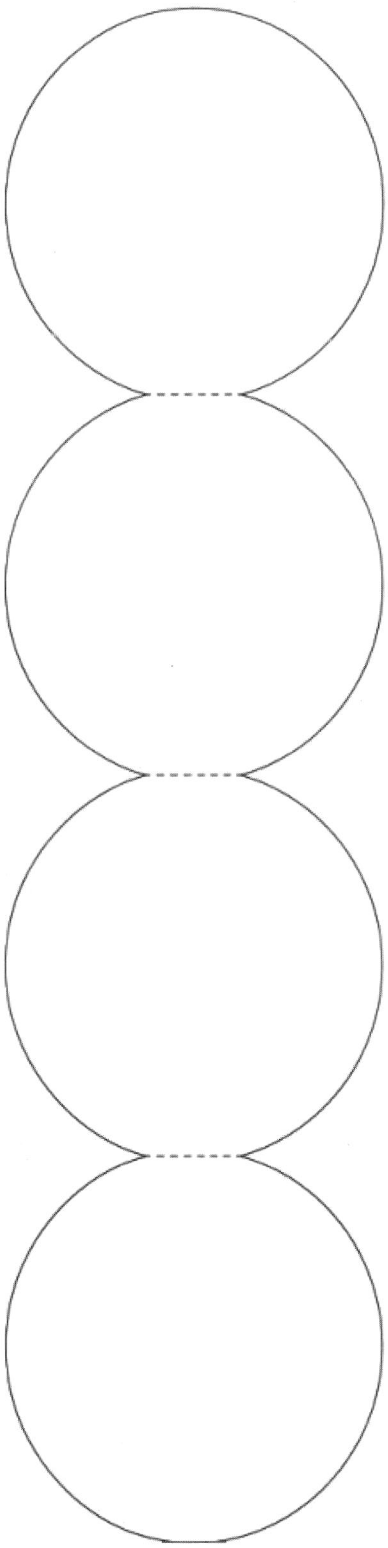

Sicherheitshinweise

Enthaltene Gefahrstoffe

- Versuchsbeschreibung 2a: Kalkwasser
- Versuchsbeschreibung 2b: Phosphor, roter
- Versuchsbeschreibung 3a/3b: Ethanol oder Aceton
- Versuchsbeschreibung 5: Calcium /Kupfer(II)-sulfat, wasserfrei
- Versuchsbeschreibung 6: 100 ml Wasserstoffperoxid, mind. 6 % (max. 10 %)

Details, s. Gefährdungsbeurteilung, ab S. 103.

Fachliche Hinweise

Was wäre der Mensch ohne die Entdeckung des Feuers? Die Nutzung des Feuers bedeutet nicht nur ein Meilenstein in der körperlichen und intellektuellen Entwicklung des Menschen, auch die Erfindung neuer Produkte und neuer Technologien wären unmöglich. Ohne Sauerstoff kein Feuer – deshalb ist die Aufnahme von Sauerstoff (Oxidation) unter Wärme- bzw. Lichtabgabe (Feuererscheinung) eine zentrale chemische Reaktion.
Das Rosten von Eisen zeigt, dass Oxidationen jedoch auch ohne Feuererscheinung ablaufen können (langsame Oxidation). Reagiert ein Metall mit Sauerstoff entstehen Metalloxide, reagiert ein Nichtmetall mit Sauerstoff entstehen Nichtmetalloxide.
Im Gegensatz zu einer Oxidation ist eine Reduktion eine Reaktion, bei der Sauerstoff abgegeben wird. Dies kann auch durch Katalysatoren ausgelöst werden (siehe *Versuchsbeschreibung 6*, S. 85). Gibt es in einer Reaktion mehrere Reaktionspartner, so ist eine Reduktion immer an eine Oxidation gekoppelt. Der Sauerstoff wird also übertragen. Diese Kopplung von Reduktion und Oxidation nennt man Redoxreaktion.

Didaktische Hinweise

Ziel dieses Lernschritts III „Oxidationen, Reduktionen, Redoxreaktionen" ist das Kennenlernen der Begriffe und ihre Zuordnung zu den entsprechenden chemischen Vorgängen. Die fachlichen Informationen werden dabei mit Bezügen aus dem Alltag der Schüler (z. B. Rostschutz) oder der Industrie (z. B. modellhafte Gewinnung eines Metalls aus einem Oxid) verknüpft, sodass die Schüler die chemischen Begriffe auch im Kontext begreifen.
Bei allen Experimenten müssen die Gefahrenpotenziale und Fertigkeiten der Lerngruppe berücksichtigt werden und dementsprechend eine Entscheidung getroffen werden, welche Experimente die Lerngruppe selbstständig durchführen kann.

Lernvoraussetzungen

Die Lehrkraft sollte bis zur Durchführung dieser Unterrichtseinheit bereits folgende Begriffe und Definitionen eingeführt haben:
- Reaktionsschema aufstellen
- zusätzlich bei Lernniveau 2: Elementsymbole kennen und Formeln aufstellen
- Wassernachweis mit Watesmopapier
- Knallgasprobe als Nachweis für Wasserstoff
- Kalkwasserprobe als Nachweis für Kohlenstoffdioxid

Lernschritt III ist so aufgebaut, dass alle Lernenden zunächst ein Basisexperiment durchführen. Dieser Vorversuch soll deutlich machen, dass eine Verbrennung nur dann möglich ist, wenn Sauerstoff vorhanden ist.

Diesen Versuch werten die Schüler binnendifferenziert in Aufgabenform und Anspruchsniveau aus und vertiefen bzw. erweitern somit ihre Erkenntnisse auf ihrem jeweiligen Niveau. Eine Niveaudifferenzierung findet hier durch die Stellung einer Expertenaufgabe (Berechnung des Sauerstoffgehalts) statt.

Für den weiteren Unterrichtsgang kann die Lehrkraft entweder eine exemplarische Auswahl gewünschter Experimente treffen oder aber sich für ein arbeitsteiliges Vorgehen mit vier Schülergruppen entscheiden. Bei einem arbeitsteiligen Vorgehen beschäftigt sich Gruppe 1 mit dem Thema Verbrennung (S. 66–68), Gruppe 2 mit der Oxidation von Nichtmetallen (S. 69–72), Gruppe 3 mit der Oxidation von Metallen (S. 73–75) und Gruppe 4 mit der langsamen Oxidation (S. 76/77). Jede Gruppe erstellt ein Lernplakat und stellt die Ergebnisse zum Abschluss der Lerneinheit vor. Zur Sicherung der Ergebnisse bietet sich eine Zusammenfassung im Plenum an.

Das Themenfeld Reduktion und Redoxreaktion kann ähnlich wie das Thema Oxidation bearbeitet werden.

Aufgaben und Experimente sind für die Schüler entsprechend ihrem Lernniveau unterschiedlich gekennzeichnet:

- Auf Niveau 1 erkennen die Schüler, dass bei vielen chemischen Reaktionen der Sauerstoff eine wichtige Rolle spielt.
- Auf Niveau 2 werden nicht nur einfach Wortgleichungen geschrieben, sondern die Prozesse in chemischen Reaktionen, bei denen Sauerstoff beteiligt ist, in Formeln, Teilchenvorstellungen und Modellen abstrahiert. Dabei können die Lernenden in unterschiedlicher Form kreativ werden (z. B. Bildergeschichte, Comic, Fotostory, Werbeplakat).
- Auf Niveau 3 können die Lernenden auch im Experimentalbereich konstruktiv Versuche entwickeln und lösen vertiefende Aufgaben. Im Gegensatz zu den anderen Niveaustufen sind auch Transferleistungen gefordert (z. B. die Erstellung von Reaktionsschemata von nicht durchgeführten Experimenten).

Die verschiedenen Lerntypen werden individuell berücksichtigt: So bekommt der visuelle Typ die Möglichkeit, Erkenntnisse durch Beobachtungen und Anschauungsmodelle zu gewinnen, der motorische Lerntyp kann durch haptische Tätigkeiten im Experimentieren und Anfertigen von Modellen seine Fertigkeiten einbringen und der kommunikative Lerntyp kann wesentliche Beiträge in Diskussion, schriftlicher Auswertung und Kurzvorträgen leisten.

Zum Abschluss des Kapitels soll in heterogenen Gruppen überprüft werden, was gelernt wurde. Mithilfe eines Würfels, auf dem Schlüsselbegriffe notiert sind, sollen die Schüler ihre erworbenen Erkenntnisse und Fachwissen untereinander kommunizieren. Vorstellbar ist, dass dies ohne Vorgabe des zeitlichen und inhaltlichen Umfangs zwanglos und spielerisch geschieht. Je mehr Sätze zu einem Begriff genannt werden, desto mehr Punkte erhält der Vortragende.

Tabellarischer Ablauf

	Niveau	Sozialform	Zeitlicher Ablauf/Inhalt	Produkte (in Klammern Niveaustufen)	Kopiervorlage
III Oxidationen, Reduktionen, Redoxreaktion					
			1. Basisbildung		
	alle	Partner- oder Gruppenarbeit	Vorversuch: Die Rolle der Luft bei Verbrennungen	Versuchsprotokoll (N1–3) Extra Challenge (N2–3)	Vorversuch
			2. Erarbeitung (arbeitsgleich, aufgabendifferent)		
	alle	Partner- oder Gruppenarbeit	a) Oxidation von Nichtmetallen b) Oxidation von Metallen c) Reduktion von Metalloxiden d) Reduktion mithilfe von Katalysatoren	Versuchsauswertungen (N1–3) Skizzen (N1–3) Folienpuzzle (N2–3) Reaktionsgleichungen mit Bausteinen (N2–3) Fotos (N2–3) Bildergeschichte (N2–3) Werbeplakat (N2–3) Comic (N2–3) Bandolo (N1) Triomino (N2–3)	Versuchsbeschreibungen 1–6 (Niveau 1–3) Comicvorlage (s. Kapitel 1, S. 18) Vorlage: Bandolo Vorlage: Triomino
			3. Ergebnisse sichern		
	alle	Partner- oder Gruppenarbeit	Lernkontrolle	Würfel	Würfelmethode

Vorversuch: Die Rolle der Luft bei Verbrennungen

Benötigte Materialien:
- Arbeitsplatte
- Feuerzeug
- Glaswanne
- 1 Becherglas (hohe Form, 250 ml oder 400 ml)
- 1 Becherglas (breite Form, 250 ml)
- schmale, hohe Kerze
- 2 10-Cent-Münzen
- Wasser
- Lebensmittelfarbstoff oder Tinte
- wasserfester Folienstift

1

Vorbereitung:
1. Jedes Gruppenmitglied benötigt Schreibmaterial.
2. Besorgt euch die Materialien und richtet euren Arbeitsplatz her.

2

Aufbau:

3

Durchführung:
1. Füllt das breite Becherglas mit Wasser und gebt einige Tropfen Lebensmittelfarbe oder Tinte hinein.
2. Entzündet die Kerze, tropft etwas vom flüssigen Wachs in die Mitte der Glaswanne und befestigt die Kerze darauf.
3. Gebt ca. 2 cm hoch gefärbtes Wasser in die Glaswanne.
4. Legt die zwei Münzen rechts und links von der Kerze in die Glaswanne.
5. Stülpt das hohe, leere Becherglas über die brennende Kerze und stellt es auf die beiden Münzen, sodass der Glasrand nicht den Wannenboden berührt.
6. Beobachtet den Wasserstand. Räumt anschließend euren Arbeitsplatz auf.

4

Aufgaben:
1. Fertigt ein Versuchsprotokoll des Experiments an.
2. Beantwortet folgende Fragen:
   a) Wann erlischt die Kerze?
   b) Welche Bedingung muss erfüllt sein, damit die Kerze brennt?
   c) Was führt dazu, dass das Wasser im Becherglas steigt?
   d) Weshalb steigt das Wasser nicht ganz nach oben?

5

Extra Challenge:
Führt den Versuch ein zweites Mal durch. Markiert mit einem wasserfesten Folienstift den Wasserstand zu Beginn und am Ende des Experiments. Das Volumen des gestiegenen Wassers entspricht dem Anteil des Sauerstoffs in der Luft. Berechnet dazu den prozentualen Gehalt. (Volumen des Becherglases = 100 %; Volumen des gestiegenen Wassers = x % = Sauerstoffgehalt der Luft)

Versuchsbeschreibung 1: Was brennt eigentlich, wenn eine Kerze brennt?

Benötigte Materialien:
- Arbeitsplatte
- 1 Stumpenkerze o. Ä.
- Streichhölzer
- Porzellantiegel oder weiße Kachel
- Glasröhrchen (Durchmesser: ca. 6 mm, Länge: ca. 5 cm)
- Tiegelzange

Schutzmaßnahmen:
Schutzbrille. Lange Haare zurückbinden. Lange Ärmel hochschieben. Keine Schals oder baumelnde Kleidung!

1

Vorbereitung:
1. Jedes Gruppenmitglied benötigt Schreibmaterial.
2. Besorgt euch die Materialien und richtet euren Arbeitsplatz her.

2

Aufbau:

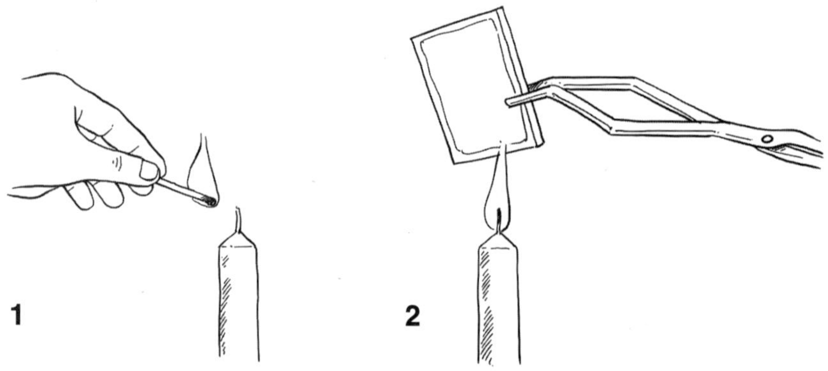

3

Durchführung:
Versuch 1: Entzündet die Kerze und beobachtet Aussehen und Form der Flamme.

Versuch 2: Haltet einen Porzellantiegel oder eine Kachel mithilfe der Tiegelzange direkt über die Flamme. Die Flamme darf nicht erlöschen.

Versuch 3a: Pustet die Flamme (die schon länger gebrannt haben muss) aus und haltet sofort ein brennendes Streichholz in die aufsteigenden Dämpfe, ohne den Docht zu berühren.

Versuch 3b (Variation): Haltet mit der Tiegelzange das untere Ende eines Glasröhrchens in die dunkle Zone der Kerzenflamme. Haltet gleichzeitig ein brennendes Streichholz an das andere Ende des Glasröhrchens.

4

Aufräumen:
Räumt euren Arbeitsplatz auf, wenn ihr mit der Arbeit fertig seid.

5

Aufgaben zu den Versuchen:

Zu Versuch 1:

1. Zeichnet hier das Aussehen und die Form der Flamme möglichst genau ein.

2. Recherchiert in eurem Chemiebuch und zeichnet die verschiedenen Flammenzonen in die obige Flamme ein. Kennzeichnet sie mit folgenden Begriffen: Flammensaum (1 200–1 400 °C) – Flüssiges Wachs – Wachsdampf verbrennt – Flammenkern (ca. 800 °C) – Festes Wachs – Flammenmantel (ca. 1 400 °C) – Flüssiges Wachs verdampft – Flüssiges Wachs steigt hoch

Zu Versuch 2:

1. Notiert hier eure Beobachtungen.

2. Beschreibt das Aussehen der Porzellankachel. Erklärt, um welchen Stoff es sich darauf handeln könnte.

Zu Versuch 3:

Deutet eure Beobachtungen: Welcher Stoff brennt bei einer Kerze (3a), welcher Stoff leuchtet bei einer brennenden Kerze gelb? (Die Beobachtungen zu Versuch 2 helfen euch.)

6

Weiterführende Aufgaben:

1. Zeichnet eine brennende Kerze im Teilchenmodell. Beachtet dabei die entsprechenden Abstände der Teilchen bei den jeweiligen Aggregatzuständen (fest: Wachs; flüssig: geschmolzenes Wachs; gasförmig: Wachsdampf im Innenkegel der Flamme).

2. Verbrennt der gasförmige Wachsdampf, so entsteht je nach Menge des vorhandenen Sauerstoffs entweder schwarzer Ruß oder aber Kohlenstoffdioxid.

   Kennzeichnet die Verbrennungsprodukte farbig:

   a) In den äußeren Bereichen der Flamme entsteht Ruß (= Kohlenstoffteilchen), d. h. es findet eine unvollständige Verbrennung statt.

   b) In den inneren Bereichen entsteht Kohlenstoffdioxid, d. h. es findet eine vollständige Verbrennung statt.

3. Kohlenstoffdioxid, das bei der vollständigen Verbrennung von Wachsdampf entsteht, soll nachgewiesen werden. Wie geht ihr vor?

   a) Entwerft einen Versuchsaufbau zum Nachweis von Kohlenstoffdioxid mithilfe der Folienelemente (s. unten).

   b) Baut nach Überprüfung durch den Lehrer oder durch das Lösungsblatt die Apparatur auf. Führt anschließend den Nachweis (Einleitung von Kohlenstoffdioxid in Kalkwasser) durch.

   Sicherheitshinweise: Schutzbrillle, Haare zurückbinden, keine baumelnde Kleidung, Arbeitsplatte

   Entsorgung: Kalkwasserreste in den Ausguss geben.

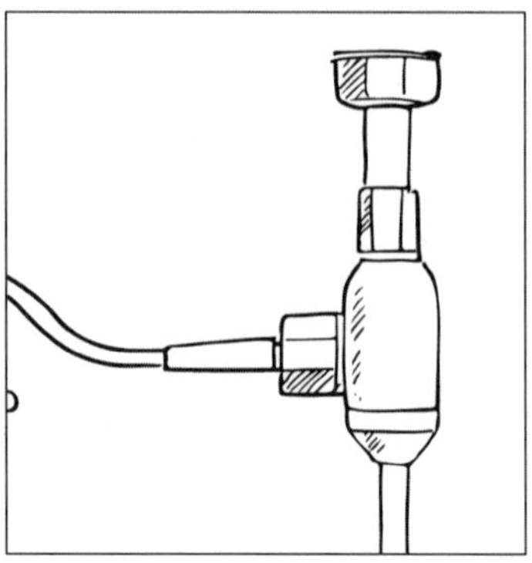

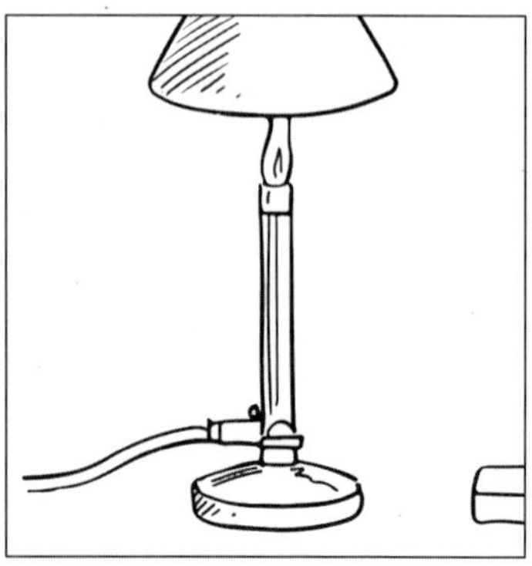

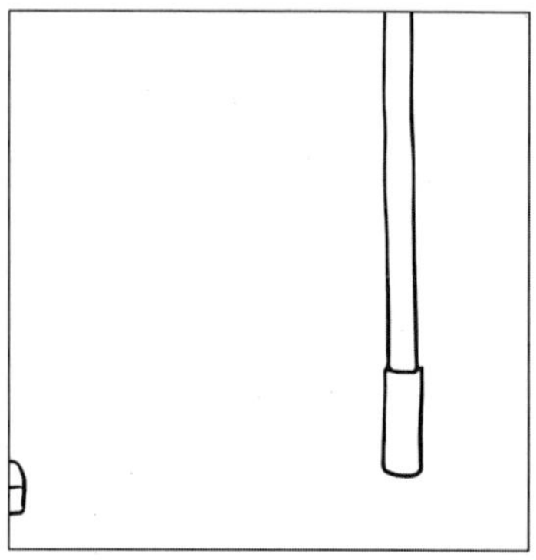

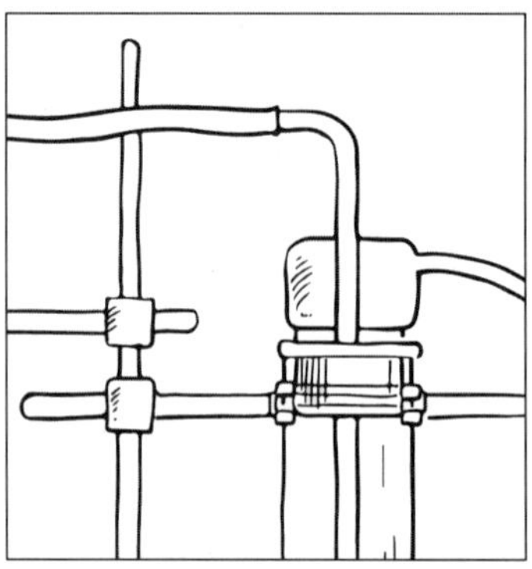

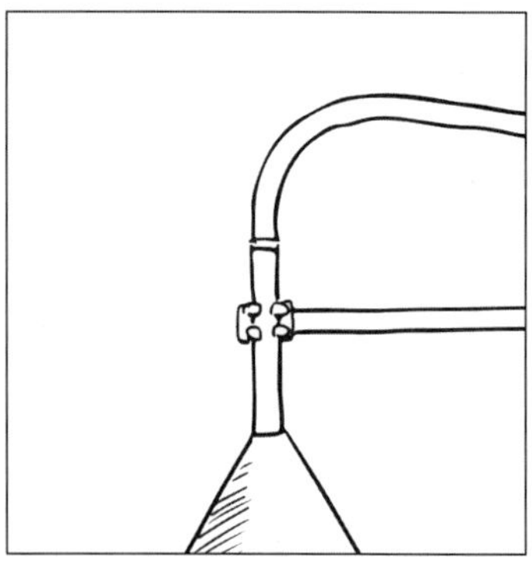

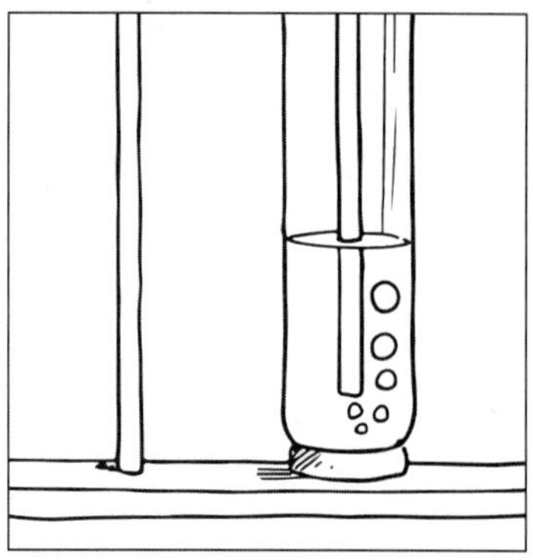

Versuchsbeschreibung 2a: Nichtmetalle oxidieren – aus Kohle wird Kohlenstoffdioxid

Benötigte Materialien:

- 1 Rundkolben (500 ml)
- 1 Gummistopfen
- 1 Verbrennungslöffel mit Gummistopfen
- Stativ mit Zubehör (Klemme, Muffe)
- kleines Holzkohlestück, welches in den Verbrennungslöffel passt
- Brenner
- Tiegelzange
- Sauerstoffflasche
- Kalkwasser
- Arbeitsplatte
- Feuerzeug

Schutzmaßnahmen:
Schutzbrille. Lange Haare zurückbinden. Lange Ärmel hochschieben. Keine Schals oder baumelnde Kleidung!

1

Vorbereitung:

1. Jedes Gruppenmitglied benötigt Schreibmaterial.
2. Besorgt euch die Materialien und richtet euren Arbeitsplatz her.
3. Der Rundkolben wird von der Lehrkraft mit Sauerstoff gefüllt und mit einem Gummistopfen verschlossen.

2

Aufbau:

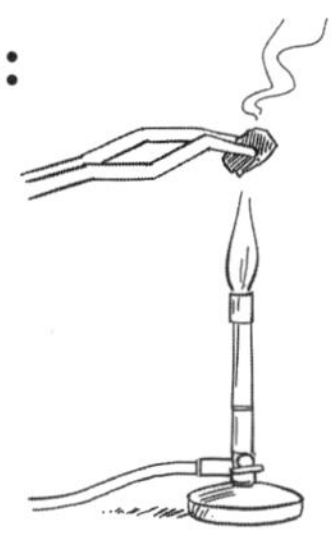

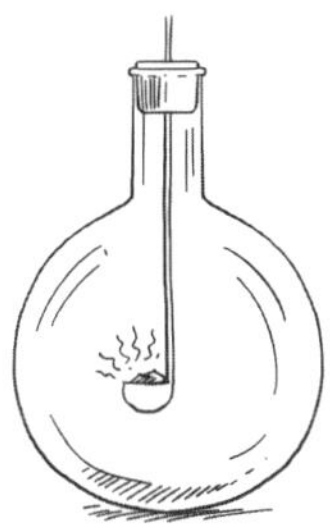

1	2	3

3

Durchführung:

1. Haltet das Holzkohlestück mit der Tiegelzange in die rauschende Flamme des Brenners, bis es anfängt zu glühen.
2. Legt das glühende Holzkohlestück zügig in den Verbrennungslöffel und führt diesen in den Rundkolben ein.
3. Beobachtet genau.
4. Nach Beendigung des Verbrennungsvorganges gebt 50 ml Kalkwasser in den Rundkolben, setzt den Gummistopfen wieder darauf und schüttelt vorsichtig durch.

4

Aufräumen:
Räumt euren Arbeitsplatz auf, wenn ihr mit der Arbeit fertig seid. Die entstandene Lösung in den Ausguss geben.

5

Aufgaben zum Versuch:

1. Notiert hier eure Beobachtungen zum Versuch:

2. Ordnet folgende Begriffe zu zwei Sätzen, die das Experiment erklären:

VERBRENNUNG	KOHLENSTOFFDIOXID	VON	DER	DABEI
REAGIERT	SAUERSTOFF	BEI	MIT	KOHLE
	ENTSTEHT		KOHLENSTOFF	

3. Beschreibt und erklärt eure Beobachtungen bei der Zugabe von Kalkwasser zu dem Reaktionsprodukt.

4. Eine Reaktion mit Sauerstoff wird auch Oxidation genannt. Reagiert ein Stoff mit Sauerstoff unter Licht- und Wärmeabgabe, so wird dieser Vorgang als Verbrennung bezeichnet.

   Erstellt Wortgleichungen (Reaktionsschemata) für die Verbrennung von:

   a) *Kohle bzw. Kohlenstoff*

   b) *Schwefel*

   c) *Nichtmetallen*

6

Weiterführende Aufgaben:

5. a) Nehmt euch einen Satz Steckbausteine (s. unten). Sie stellen die unterschiedlichen Teilchen der Stoffe dar, die miteinander reagieren sollen.

	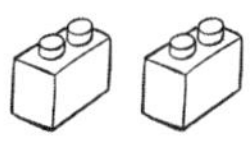		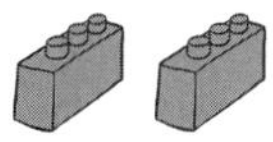	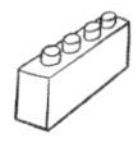	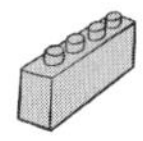
Sauerstoff-Atom	Sauerstoff-Molekül	Stickstoff-Atom	Stickstoff-Molekül	Schwefel-Atom	Kohlenstoff-Atom
O	O_2	N	N_2	S	C

b) Baut damit folgende Reaktionen nach. Beachtet, dass die Masse der Teilchen vor und nach der Reaktion gleich sein muss.

Kohlenstoff reagiert mit Sauerstoff.

____

Schwefel reagiert mit Sauerstoff.

____

Stickstoff reagiert mit Sauerstoff.

____

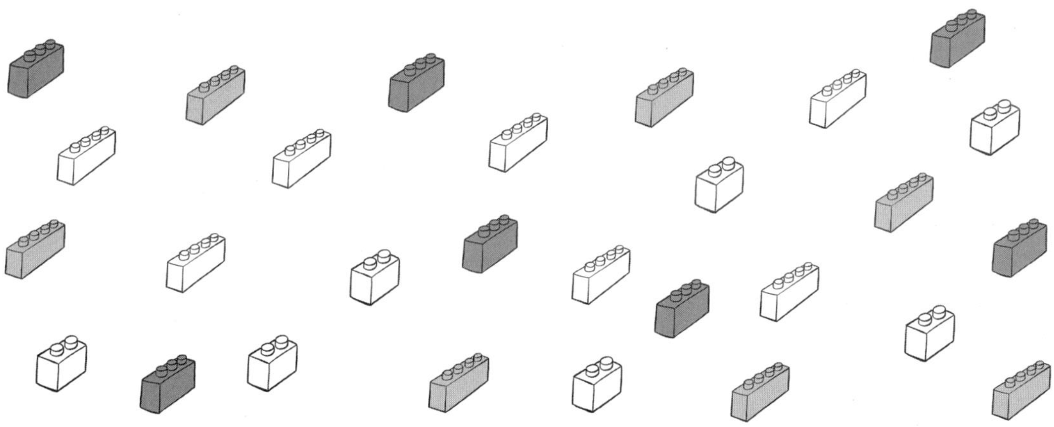

c) Fotografiert mit eurem Smartphone oder einem Tablet die einzelnen Steckbausteine. Druckt die Fotos aus, ordnet sie so an, dass sie den korrekten Verlauf der Reaktion zeigen, und leitet daraus die Formelgleichungen für die Reaktionen ab.

Versuchsbeschreibung 2b: Nichtmetalle oxidieren – aus Phosphor wird Phosphoroxid

Benötigte Materialien:

- Arbeitsplatte
- leere Teelichthülle
- 1 Becherglas (100 ml)
- 1 Uhrglas
- 1 Mini-Bunsenbrenner
- 1 scharfes Messer
- Pipette
- Sodastreamer oder CO_2-Fahrradpumpe mit Ventil
- mehrere Streichholzschachteln
- destilliertes Wasser
- Spezial-Indikatorpapier (pH-Wert 4,0–7,0)

Schutzmaßnahmen:
Experiment im Abzug! Schutzbrille. Lange Haare zurückbinden. Lange Ärmel hochschieben. Keine Schals oder baumelnde Kleidung!

1

Vorbereitung:

1. Jedes Gruppenmitglied benötigt Schreibmaterial.
2. Besorgt euch die Materialien und richtet euren Arbeitsplatz her.
3. Kratzt mithilfe des Messers die Reibeflächen einer Streichholzschachtel so ab, dass die Substanz in der Reibeschale aufgefangen wird. Die Pappe darf dabei nicht entfernt werden.

2

Durchführung:

1. Entzündet mithilfe des Brenners die abgekratzte Substanz. Wenn sie brennt, stülpt das Becherglas (Öffnung nach unten!) über die Flamme und fangt die entstehenden Gase auf.
2. Wenn die Flamme erloschen ist, dreht das Becherglas um, gebt mit der Pipette ca. 3 ml Wasser schnell dazu. Deckt das Glas mit dem Uhrglas ab. Schwenkt gut um. Haltet den Indikatorpapierstreifen in die Lösung und vergleicht den Wert mit der pH-Skala.

3

Aufräumen:
Räumt euren Arbeitsplatz auf, wenn ihr mit der Arbeit fertig seid.

4

Aufgaben zum Versuch:

1. Erstellt vier Skizzen zu den einzelnen Versuchsschritten.
2. Auf den Reibeflächen einer Streichholzschachtel befindet sich Phosphor. Welcher Stoff entsteht, wenn Phosphor verbrennt?
3. Vergleicht die Farbe des Indikatorpapiers mit der Farbskala. Welchen Charakter hat die entstandene Lösung, wenn Nichtmetalloxide in Wasser gelöst werden?

5 ★★★

Weiterführende Aufgabe:

4. Überprüft diese Feststellung (Aufgabe 3), indem ihr ein anderes Nichtmetalloxid (hier Kohlenstoffdioxid) in Wasser leitet und mit dem Indikatorstreifen die Lösung testet. Das Gas Kohlenstoffdioxid könnt ihr von einem Sodastreamer oder durch eine CO_2-Fahrradpumpe gewinnen.

Versuchsbeschreibung 3a: Metalle oxidieren – aus Kupfer wird Kupferoxid

Benötigte Materialien:
- Arbeitsplatte
- Tiegelzange
- Brenner
- feines Schmirgelpapier
- Wattebausch
- Kachel
- 2 Kupfermünzen (z. B. 10 Cent-Münzen)
- Ethanol oder Aceton
- verschließbares Glasgefäß

Schutzmaßnahmen:
Schutzbrille. Lange Haare zurückbinden. Lange Ärmel hochschieben. Keine Schals oder baumelnde Kleidung! Wattebausch nach Reinigung der Münzen in ein verschließbares Glasgefäß geben.

1

Vorbereitung:
1. Jedes Gruppenmitglied benötigt Schreibmaterial.
2. Besorgt euch die Materialien und richtet euren Arbeitsplatz her.
3. Die beiden Kupfermünzen mit feinem Schmirgelpapier abschmirgeln und mit einem in Ethanol oder Aceton getränkten Wattebausch reinigen.

2

Aufbau:

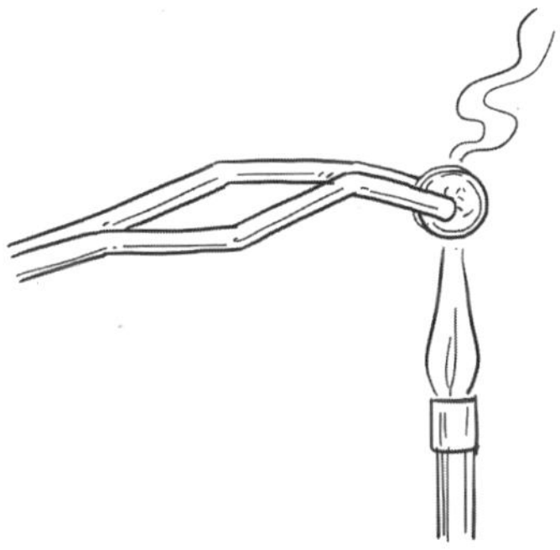

3

Durchführung:
1. Legt die beiden Kupfermünzen aufeinander und haltet sie mit der Tiegelzange fest zusammengepresst in die rauschende Flamme des Brenners (ca. 1 Minute). Dreht und wendet dabei die zusammengepressten Kupfermünzen so, dass alle Seiten gleichmäßig erhitzt werden.
2. Legt die heißen Kupfermünzen auf die Kachel zum Auskühlen.

4

Aufräumen:
- Räumt euren Arbeitsplatz auf, wenn ihr mit der Arbeit fertig seid.
- Die abgekühlten Münzen können weiterverwendet werden.

Versuchsbeschreibung 3b: Metalle oxidieren – aus Eisen wird Eisenoxid

Benötigte Materialien:
- Arbeitsplatte
- Tiegelzange
- Brenner
- feines Schmirgelpapier
- Wattebausch
- Kachel
- entfettete Stahlwolle (Alternativ: Eisenwolle & Ethanol oder Aceton  )

Schutzmaßnahmen:
Schutzbrille. Lange Haare zurückbinden. Lange Ärmel hochschieben. Keine Schals oder baumelnde Kleidung!

1 Vorbereitung:
1. Vorzugsweise entfettete Stahlwolle verwenden. Alternativ: Die Eisenwolle eine Woche vor dem Versuch in Ethanol oder Aceton einlegen und trocknen lassen.
2. Jedes Gruppenmitglied benötigt Schreibmaterial.
3. Besorgt euch die Materialien und richtet euren Arbeitsplatz her.

2 Aufbau:

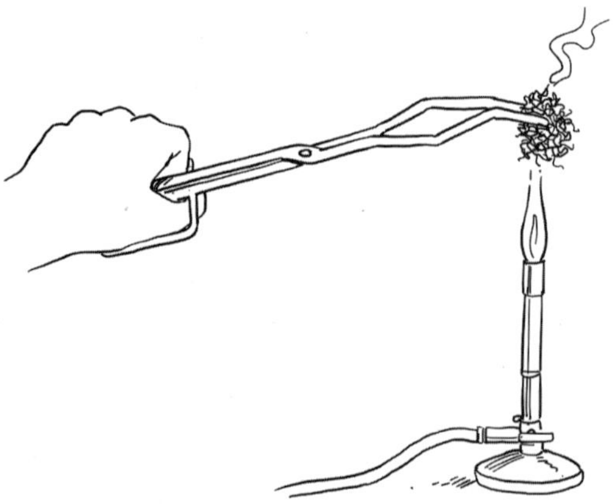

3 Durchführung:
1. Haltet mit der Tiegelzange etwas Stahl- oder Eisenwolle in die Flamme des Bunsenbrenners. (Achtung: Die Wolle verspritzt glühendes Metall!)
2. Lasst diese dann auf der Kachel auskühlen.

4 Aufräumen:
- Räumt euren Arbeitsplatz auf, wenn ihr mit der Arbeit fertig seid.
- Die Reste der Stahl- oder Eisenwolle nach Erkalten in das Sammelgefäß „Anorganische Feststoffe“ oder in den Restmüll geben.
- Ethanol- oder Acetonrest in den Behälter „Organische Lösungsmittel – halogenfrei“ geben.

5

Aufgaben zu den Versuchen:

1. Zeichnet die Kupfermünzen oder die Eisenwolle vor und nach dem Erhitzen und beschreibt die Veränderungen.

2. Ergänzt folgende Sätze. Verwendet folgende Begriffe:
chemische Reaktion, Farbveränderung, Oxidation, das Kupfer mit Sauerstoff in Berührung, Eisenoxid, Kupferoxid, verändert sich in der Flamme, Oxide

Wird Kupfer in einer Flamme erhitzt, erkennt man eine

____________________.

Diese Veränderung ist nur dort zu beobachten, wo

________________________________ kommt.

Auch Eisenwolle ________________________.

Es hat also eine ____________________ stattgefunden.

Allgemein kann man sagen:

Bei einer Reaktion von Metallen mit Sauerstoff entstehen neue Stoffe, sogenannte ____________________.

Kupfer reagiert mit Sauerstoff zu ____________________,

Eisen reagiert mit Sauerstoff zu ____________________.

Die chemische Reaktion eines Stoffes mit Sauerstoff wird

____________________ genannt.

3. Dächer und Regenrohre aus Kupfer verlieren nach längerer Zeit ihren typischen rötlichen Glanz. Notiert eure Vermutungen, woran das liegt.

Versuchsbeschreibung 4: Rosten – eine langsame Oxidation

Benötigte Materialien:
- Arbeitsplatte oder Tablett
- 6 Schnappdeckelgläser (15 ml)
- 6 Nägel
- Lackfarbe
- Wasser
- Salz
- Salatöl

1

Vorbereitung:
1. Jedes Gruppenmitglied benötigt Schreibmaterial.
2. Besorgt euch die Materialien und richtet euren Arbeitsplatz her.

2

Aufbau:

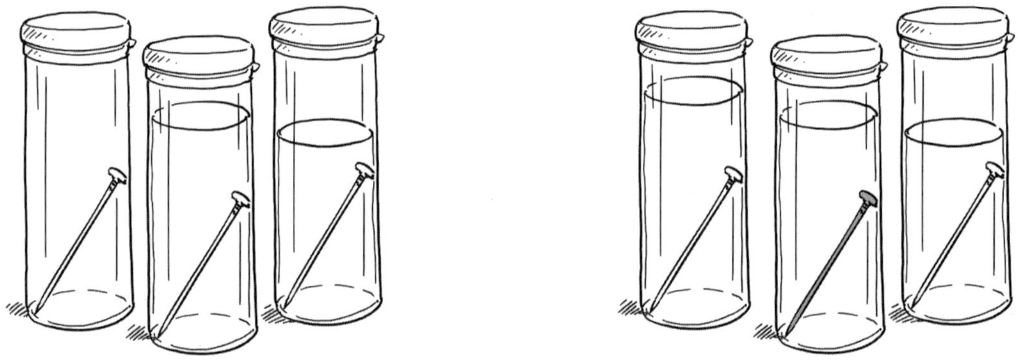

1	2

3

Durchführung:
1. Stellt in jedes Schnappdeckelglas einen Eisennagel.
2. Füllt die Gläser wie folgt:
   - Glas 1: nur Luft
   - Glas 2: destilliertes Wasser
   - Glas 3: Salzwasser
3. Nehmt drei weitere Gläser und füllt sie wie folgt:
   - Glas 4: 5 ml Leitungswasser und Nagel
   - Glas 5: 5 ml Leitungswasser und lackierter Nagel
   - Glas 6: 5 ml Öl und in Salzwasser getauchter Nagel
4. Beantwortet die folgenden Aufgaben. Für Aufgabe 1 müsst ihr etwa eine Woche warten. Stellt dafür die Gläser – versehen mit euren Namen – zur Seite.

4

Aufräumen:
- Räumt euren Arbeitsplatz auf, wenn ihr mit der Arbeit fertig seid.
- Die Flüssigkeiten kommen in den Ausguss, die Eisennägel in den Restmüll.

5

Aufgaben zum Versuch:

1. Beschreibt und zeichnet das Aussehen der Nägel nach etwa einer Woche:

2. Kombiniert mit Pfeilen die folgenden Satzteile richtig miteinander und notiert den entstandenen Text jeweils in eure Hefte:

Rosten ist	einen guten Schutz gegen Oxidation.
Eisen rostet nur,	einen teilweisen Schutz gegen Korrosion.
Beim Rosten verändert sich das Metall und seine Eigenschaften. Dies wird	Korrosion genannt.
Je mehr Salze im Wasser gelöst sind,	eine chemische Reaktion.
Lack bewirkt	wenn Luftsauerstoff und Wasser vorhanden sind.
Öl bewirkt	desto stärker oxidiert das Eisen.

3. Ergänzt den Satz mit zwei Vorschlägen: Um im Winter mein Fahrrad und die Fahrradkette vor Rost zu schützen, …

6

Weiterführende Aufgaben:

Sucht euch eine der folgenden Aufgaben aus:

4. Überlegt euch eine Fotostory oder Bildergeschichte, in der folgende Problematik dargestellt wird: Zwei Freunde treffen sich und zeigen ihre Fahrräder – eins mit Rost, eins ohne Rost. Der erste Freund ist ganz verzweifelt, der zweite Freund erklärt ihm, warum es wahrscheinlich zur Korrosion gekommen ist, und gibt Ratschläge gegen das Rosten.
5. Entwerft ein Werbeplakat zum Thema „Rosten – aber ohne mich!"
6. Weist exemplarisch nach, wie viel Sauerstoff beim Rosten von 5 g Eisenwolle gebunden wird.
   Materialien: Stativ, Reagenzglas, Becherglas, 5 g angefeuchtete Eisenwolle

Anleitung für Demonstrationsversuch: Metalloxide unter Flammeneinwirkung

Benötigte Materialien:
- Arbeitsplatte
- Brenner
- Tiegelzange
- Kupferblech (ca. 8 x 4 cm)
- kleines Becherglas
- Aktivkohle
- 1 Spatel/Teelöffel

Schutzmaßnahmen:
Schutzbrille. Lange Haare zurückbinden. Lange Ärmel hochschieben. Keine Schals oder baumelnde Kleidung!

1

Vorbereitung:
1. Jedes Gruppenmitglied benötigt Schreibmaterial.
2. Besorgt euch die Materialien und richtet euren Arbeitsplatz her.
3. Formt das Kupferblech zu einer Schale.
4. Erhitzt die Kupferschale mithilfe der Tiegelzange über der rauschenden Brennerflamme von allen Seiten.
5. Beendet die Vorbereitung, wenn sich das Kupfer dunkel verfärbt hat.

2

Aufbau:

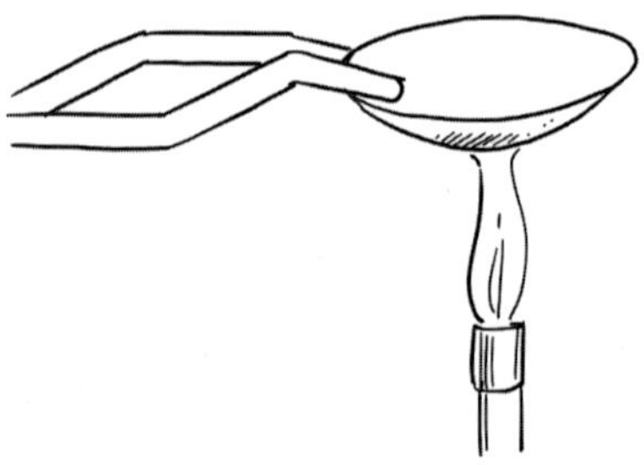

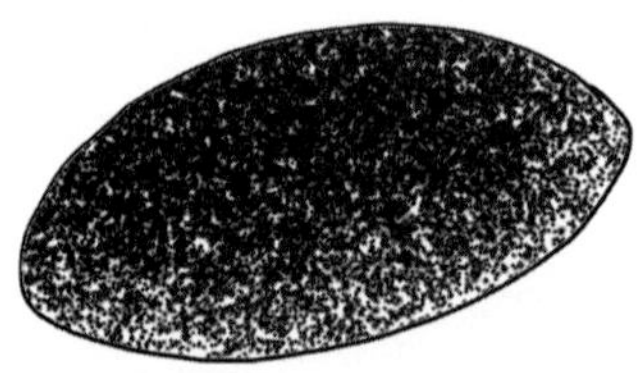

1	**2**

3

Durchführung:
1. Gebt einen Teelöffel (alternativ 2 gehäufte Spatel) Aktivkohle in die Kupferschale.
2. Erhitzt die Kupferschale mit der Aktivkohle mit dem Brenner so lange, bis sich die Kohle deutlich verändert hat. Haltet dafür die Kupferschale mit der Tiegelzange in die Flamme (s. Skizze 1).
3. Schüttet die Aktivkohle in das Becherglas und schaut euch die Kupferschale genau an.

4

Aufräumen:
- Räumt euren Arbeitsplatz auf, wenn alle Gegenstände abgekühlt sind und ihr mit der Arbeit fertig seid.
- Das Kupfer und die Aktivkohle getrennt auf das Lehrerpult legen.

Protokoll 1: Demonstrationsversuch: Metalloxide unter Flammeneinwirkung

5

Aufgaben zum Versuch:

1. Welcher Stoff entsteht, wenn Kupfer erhitzt wird? Notiert Farbe und Namen des Produktes. Notiert auch den Fachbegriff dieser Reaktion.

2. Beschreibt das Aussehen der Aktivkohle (Kohlenstoff) nach dem Erhitzen in der oxidierten Kupferschale.

3. Wie hat sich die oxidierte Kupferschale bei diesem Vorgang verändert? Beschreibt ihr Aussehen nach dem Erhitzen mit der Aktivkohle. Welcher Stoff ist entstanden?

4. Erstellt mithilfe folgender Begriffe das Reaktionsschema für die Reaktion von Kupferoxid mit Kohlenstoff:

und	und	Kohlenstoffdioxid	Kupferoxid
Kohlenstoff	reagieren zu	Kupfer	

5. Leitet aus dem Reaktionsschema des Experimentes das allgemeine Reaktionsschema für die Reaktion eines Metalloxids mit einem Nichtmetall ab.

6. Ergänzt folgende Sätze, die das Experiment beschreiben, und streicht das Nichtzutreffende durch. Verwendet folgende Begriffe: *entzogen, mit der Kohle, REDOX, oxidiert, Oxidation.*

   a) Beim Erhitzen der Kupferschale wird das Kupfer ________________.
   b) Wird Aktivkohle in der Kupferschale erhitzt, so wird dabei dem Kupferoxid der Sauerstoff ________________. (Kupferoxid wird reduziert.)
   c) Der Sauerstoff aus dem Kupferoxid reagiert ________________________. Dabei entsteht Kohlenstoffdioxid.
   d) Nimmt ein Stoff Sauerstoff auf, so handelt es sich um eine ________________/Reduktion. *(Nichtzutreffendes streichen.)*
   e) Wird einem Stoff Sauerstoff entzogen, so handelt es sich um eine Oxidation/Reduktion. *(Nichtzutreffendes streichen.)*
   f) Eine chemische Reaktion, bei der sowohl eine **RED**uktion als auch eine **OX**idation stattfindet, nennt man ________________reaktion. (Das Wort setzt sich aus den zwei genannten Reaktionen zusammen.)

Protokoll 2: Demonstrationsversuch: Metalloxide unter Flammeneinwirkung

6

Weiterführende Aufgaben:

7. Stellt euch vor, ihr seid ein Sauerstoffteilchen und erlebt das durchgeführte Experiment mit. Zeichnet einen Comic mit Sprech- und Denkblasen, der beschreibt, welche Vorgänge sich bei der durchgeführten Reaktion abspielen. Verwendet dazu folgende Begriffe: *oxidiert – reduziert – Oxidation – Reduktion – Redoxreaktion*

8. Mit welchem Versuch kann man nachweisen, dass sich bei der Reduktion von Kupferoxid durch Kohlenstoff Kohlenstoffdioxid gebildet hat?
Fertigt eine Versuchsskizze an und beschriftet sie. Zeigt zuerst eurem Lehrer euren Vorschlag, holt euch sein Einverständnis und führt dann den Versuch durch.
Folgende Materialien stehen euch zur Verfügung: Stativ, Stativklemme mit Muffe, Reagenzglas, Glasrohr (rechtwinklig gebogen), Becherglas (50 ml), 1 Gummistopfen ohne Loch, 1 Gummistopfen mit Loch, Filterpapier, Brenner, Spatel, Porzellanschale, Filterpapier, Kupferoxid (Drahtform), Aktivkohle (gekörnt), Kalkwasser (Calciumhydroxid-Lösung).

   Sicherheitshinweise: Schutzbrillle, Haare zurückbinden, keine baumelnde Kleidung, Arbeitsplatte

   Entsorgung: Kalkwasserreste in den Ausguss geben.

   a) Erklärt, wozu das Kalkwasser dient.

   b) Notiert eine Formelgleichung für die Reaktion im Becherglas. Die Formel von Kalkwasser (Calciumhydroxid-Lösung) lautet $Ca(OH)_2$.

Versuchsbeschreibung 5: Reduktion von Metalloxiden (mögl. Demonstrationsversuch)

Benötigte Materialien:
- Arbeitsplatte
- Stativ mit Klemme und Muffe
- Spatellöffel
- 2 Reagenzgläser unterschiedlicher Größe
- Gummistopfen mit Loch
- Glasrohr
- Brenner
- Calcium
- dest. Wasser
- Watesmo-Papier oder Kupfer(II)-sulfat, wasserfrei

Schutzmaßnahmen:
Schutzbrille. Lange Haare zurückbinden. Lange Ärmel hochschieben. Keine Schals oder baumelnde Kleidung! Verstreutes Calcium auf keinen Fall mit den Händen anfassen! Einmal-Schutzhandschuhe, Nitril, verwenden.

1

Vorbereitung:
1. Jedes Gruppenmitglied benötigt Schreibmaterial.
2. Besorgt euch die Materialien und richtet euren Arbeitsplatz her.

2

Aufbau:

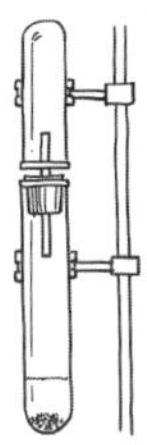

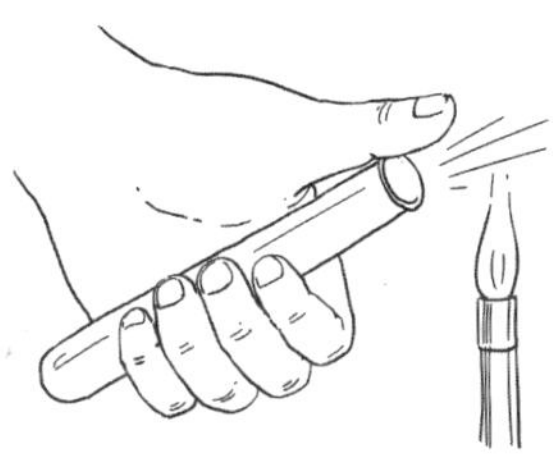

1	2

3

Durchführung:
1. Das große Reagenzglas ca. 1 cm hoch mit Wasser füllen und in das Stativ einspannen.
2. Einen flachen Spatellöffel Calcium in das Wasser geben und das Reagenzglas mit dem Gummistopfen verschließen, in dem das Glasrohr steckt.
3. Das kleine Reagenzglas so lange über die Glasrohrspitze halten, bis die Reaktion im großen Reagenzglas beendet ist.
4. Dann mit dem Daumen die Öffnung des kleinen Reagenzglases verschließen und dieses Reagenzglas der Brennerflamme nähern.
5. Die Reagenzglasöffnung freigeben und so die Knallgasprobe durchführen.
6. Etwas Watesmo-Papier an die Innenwand des kleinen Reagenzglases halten. (Alternativ: Einige Körnchen Kupfer(II)-sulfat, wasserfrei, hineingeben.)

4

Aufräumen:
Die Lösung in den Abfallbehälter für Säuren und Laugen geben.

5

Aufgaben zum Versuch:

1. Beschreibt das Aussehen vor und nach der Durchführung des Versuches von:
   a) Calcium ______________________________
   b) Wasser ______________________________

2. Beschreibt eure Beobachtungen, nachdem
   a) das kleine Reagenzglas an die Brennerflamme gehalten wurde und
   b) Watesmo-Papier (oder Kupfer(II)-sulfat) in das kleine Reagenzglas gegeben wurde.

3. Welche beiden Stoffe werden durch die Knallgasprobe und durch Zugabe von Watesmo-Papier (oder Kupfer(II)-sulfat, wasserfrei) nachgewiesen?

   ____
   ____
   ____
   ____

4. Wiederholt und überprüft eure Antworten durch folgende Materialien: Bandolo, Triomino

Vorlage: Bandolo

Lösung

		Satzende	Satzanfang	
a		Redox-reaktion.	Calcium wird	1
b		Di-Wasser-stoffoxid.	Die Verbindung Wasser ist	2
c		Wasser.	Wasser wird	3
d		oxidiert.	Bei der Oxidation entsteht	4
e		reduziert.	Bei der Reduktion entsteht	5
f		Calcium-oxid.	Wasserstoff wird bei der Verbren-nung oxi-diert zu	6
g		Wasser-stoff.	Die Reaktion von Calcium mit Wasser ist eine	7

Aufgaben:

1 Schneidet das Bandolo entlang der gestrichelten Linien aus, faltet es in der Mitte und klebt es zusammen.

2 Schneidet dann die Einkerbungen an den Seiten sorgfältig aus und bohrt oben ein Loch, in das ihr eine Schnur knotet.

3 Jetzt könnt ihr beginnen: Folgt mit der Schnur den Satzanfängen- und -enden. Kontrolliert danach mit der Lösung auf der Rückseite. (Die Schnur muss dem Weg der vorgegebenen Linie folgen.)

4 Danach schreibt ihr die Satzanfänge mit ihren passenden Satzenden in eure Hefte ab.

Vorlage: Triomino

Metall / $CaO + H_2O \rightarrow$

Calciumoxid / Calciumoxid / Calcium

Calcium wird / Metalloxid / Nachweis für Wasserstoff

Wasser / Wasser wird / Wasserstoff wird

CaO / H_2O

Reduktion

CaO

reduziert. / oxidiert.

Calcium reagiert zu

$2H_2O$ / Oxidation

Ca / H_2

Knallgasprobe / Watesmo-Papier

oxidiert. / Nichtmetalloxid / Oxidation und Reduktion

Wasserstoff / Wasser / Calcium

Redoxreaktion / Nachweis für Wasser / $2H_2 + O_2 \rightarrow$

$Ca(OH)_2$ / Sauerstoffaufnahme / Sauerstoffabgabe

Aufgaben:

1 Schneidet die Dreiecke aus und legt die zueinander passenden Seiten aneinander.

2 Notiert die gebildeten Sätze und Reaktionschemata in eure Hefte.

Versuchsbeschreibung 6: Reduktion mithilfe von Katalysatoren

Benötigte Materialien:
- Arbeitsplatte
- warmes Wasser
- 1 Getränkeflasche (ca. 0,3 l)
- 100 ml Wasserstoffperoxid, mind. 6 % (max. 10 %) 
- Kunststoffbox, in der die Flasche steht
- Trichter
- Spülmittel
- Lebensmittelfarbstoff
- Becherglas 50 ml
- 1 Tüte Trockenhefe
- Feuerzeug
- Schaschlikspieß
- Kamera zum Filmen oder Fotografieren

Schutzmaßnahmen:
Schutzbrille, Schutzkittel und altes Handtuch. Haare zurückbinden, keine baumelnde Kleidung.

1

Vorbereitung:
1. Jedes Gruppenmitglied benötigt Schreibmaterial.
2. Besorgt euch die Materialien und richtet euren Arbeitsplatz her.

2

Aufbau:

3

Durchführung:
1. Füllt mithilfe des Trichters 100 ml Wasserstoffperoxid (6–10 %) in die Flasche.
2. Entfernt den Trichter und gebt 3–4 Tropfen Lebensmittelfarbe sowie ca. 5 ml Spülmittel in die Flasche.
3. Füllt das Becherglas halb voll mit warmem Wasser und verrührt darin 1 Teelöffel Backhefe.
4. Gebt die Hefesuspension zügig in die Flasche (evtl. den Trichter zur Hilfe nehmen).
5. Entzündet einen Holzspieß, pustet die Flamme nach etwas Brenndauer wieder aus und haltet die noch glimmende Spitze in den entstehenden Schaum. Wiederholt dies mehrmals.

4

Aufräumen:
Der entstandene Schaum kann verdünnt in den Ausguss gegeben werden.

5

Aufgaben zum Versuch:
1. Zeichnet eine Reihe von Bildern oder nehmt mehrere Fotos des Experiments auf.
2. Entwickelt daraus eine Bildergeschichte, in der ihr beschreibt, was passiert.

Textvorlage: Verwendung und Funktion von Katalysatoren

Katalysatoren: Den Begriff *Katalysator* kennen die meisten im Zusammenhang mit Autos. Der Katalysator soll die Abgase, die bei der Verbrennung des Kraftstoffs entstehen, reinigen und Schadstoffe herausfiltern. Ziel dabei ist es, nur noch unschädliche Gase oder Gasbestandteile auszustoßen. So wird z. B. giftiges Kohlenstoffmonoxid in Kohlenstoffdioxid umgewandelt – dasselbe Gas, das wir jedes Mal ausstoßen, wenn wir ausatmen.

Das Wort Katalyse lässt sich aus dem Griechischen ableiten und bedeutet so viel wie Auflösung. Bei chemischen Reaktionen fungiert der Katalysator aber nicht als Stoff, der einen anderen auflöst oder umwandelt. In der Chemie wirkt der Katalysator als Beschleuniger oder Antreiber einer Reaktion. Manche chemischen Reaktionen können ohne einen Katalysator gar nicht ablaufen, etwa beim Handwärmer aus Aktivkohle und Eisen – erst wenn die Stoffe mit Salz und Wasser in Berührung kommen, wird Wärme frei. Bei anderen Prozessen, beispielsweise der Verdauung, wird die Reaktion durch Katalysatoren (im Falle der Verdauung sind es Enzyme) beschleunigt.

Die Beschleunigung einer chemischen Reaktion geschieht dadurch, dass mit Katalysator die Aktivierungsenergie für eine Reaktion niedriger ist. Mit einem Katalysator muss also weniger Energie aufgewandt werden, damit es zu einer chemischen Reaktion kommt. Typisch für Katalysatoren in einer chemischen Reaktion ist die Tatsache, dass sie bei der Reaktion nicht verändert werden. Das heißt Katalysatoren nehmen an der Reaktion teil, beschleunigen sie oder bringen sie in Gang, aber sie bleiben die gleichen Stoffe wie vor der Reaktion. Im Gegensatz dazu entstehen aus den Reaktionspartnern neue Stoffe.

6

Weiterführende Aufgaben:

1. Erklärt, welche Funktion ein Katalysator im Auto hat.
2. Benennt den Katalysator, der im Experiment verwendet wurde.
3. Erklärt, welche Funktion der Katalysator im Experiment hatte.
4. Welche Stoffe entstanden aus dem Wasserstoffperoxid?
5. Welcher Stoff wurde durch den glimmenden Holzspan nachgewiesen?

7

Weiterführende Aufgaben:

6. Fasst den Text über Katalysatoren kurz zusammen.
7. Erklärt, was für ein Katalysator im Experiment verwendet wurde.
8. Schreibt ein Reaktionsschema (Wortgleichung) für die Reduktion von Wasserstoffperoxid H_2O_2.
9. Benennt die Funktion des glimmenden Holzspans.

8

Weiterführende Aufgaben:

10. Führt den gleichen Versuch mit einer 10%-igen Kaliumiodid-Lösung durch.
11. Beschreibt die Funktion von Hefe und Kaliumiodid für diese chemische Reaktion.
12. Schreibt ein Reaktionsschema (Formelgleichung) für die Reduktion von Wasserstoffperoxid H_2O_2.

Lernkontrolle: Würfelmethode

Aufgaben:

1 Schreibt wesentliche Begriffe zu einem bearbeiteten Thema auf den Würfel. (Vorschläge siehe unten.)

2 Schneidet den Würfel entlang der Linien aus, knickt die Kanten und klebt diese zusammen.

3 Jetzt könnt ihr beginnen. Würfelt reihum und erklärt den Begriff, der oben liegt. Nennt dazu auch konkrete Beispiele.

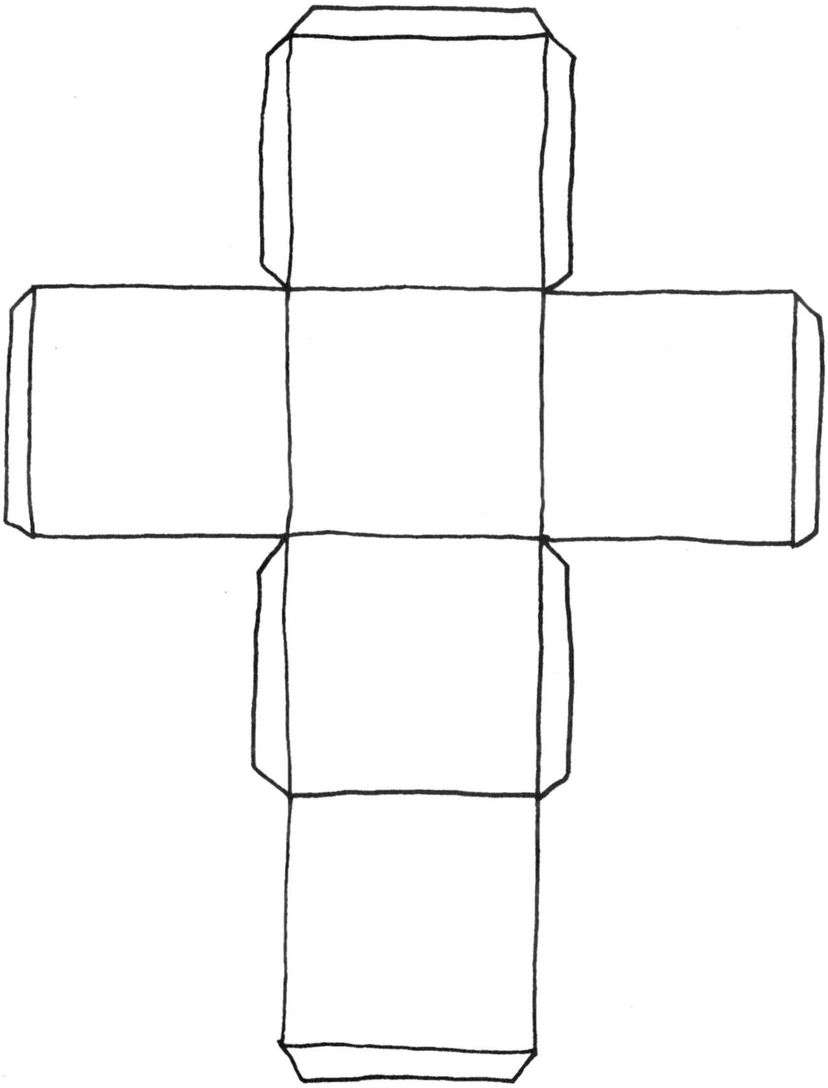

Folgende Begriffe könnten auf dem Würfel stehen:

Würfel 1: chemische Reaktion, Entzündungstemperatur, Dichte, Massengesetz, Analyse, Synthese

Würfel 2: exotherm, endotherm, Aktivierungsenergie, Lösung, Knicklicht, frei werdende Energie

Würfel 3: Oxid, Oxidation, Reduktion, Redoxreaktion, Verbrennung, chemische Reaktion

I Chemische Reaktion – Bildung neuer Stoffe

Versuchsbeschreibung 1: Erhitzen von Zucker ★ – ★★★ *S. 16*

Es handelt sich um eine chemische Reaktion.
Begründung: Es ist mindestens ein neuer (schwarz-bräunlicher) Stoff entstanden.
Erkennungsmerkmal: Farbe und Geruch.
Erklärung: Es handelt sich dabei um Zuckerkohle (Kohlenstoff). Das Blubbern der bräunlichen Masse deutet auf einen weiteren neuen Stoff hin: die Bildung von Wasser bzw. Wasserdampf.

Folgeaufgabe („Wir forschen weiter"):

Mithilfe eines Katalysators (z. B. Asche oder Kaliumcarbonat) wird die notwendige Aktivierungsenergie verringert, sodass der Zucker brennt. Dabei entstehen Kohlenstoffdioxid und Wasser.

$$C_6H_{12}O_6 + 6\ O_2 \xrightarrow{[Asche]} 6\ CO_2 + 6\ H_2O$$

Rechercheaufgabe:

Beim Erhitzen von Zucker entsteht zunächst Karamell, das für Bonbons verwendet wird. Bei weiterem Erhitzen entsteht Zuckercouleur, welche als Grundlage für die Färbung von Getränken, wie z. B. Cola, dient. Erhitzt man noch weiter, so entsteht Zuckerkohle, welche als Aktivkohle mit hohem Adsorptionsvermögen verwendet werden kann.

Versuchsbeschreibung 2: Erhitzen einer Kochsalzlösung ★ – ★★★ *S. 17*

Es handelt sich um einen physikalischen Vorgang.
Begründung: Es ist kein neuer Stoff entstanden. Das Salz wird lediglich in Wasser gelöst, ist aber nicht „verschwunden".
Erklärung: Durch das Erhitzen des Wassers verlassen die Wassermoleküle den Teilchenverband. Dadurch überwiegen wieder die Anziehungskräfte zwischen den Salzteilchen, das Salz kristallisiert wieder aus.

Folgeaufgabe („Wir forschen weiter"):

Individuelle Schülerleistungen.

Rechercheaufgabe:

Beispiele für die Gewinnung von Salz: Bergbau, Salinen, Meerwasserentsalzung.

Versuchsbeschreibung 3: Schwarzer Tee und Zitrone ★ – ★★★ *S. 19*

Es handelt sich um eine chemische Reaktion.
Begründung: Es ist eine deutliche Farbänderung des Tees sichtbar. Der pH-Wert ändert sich.
Erklärung: Schwarztee ist ein Indikator (lat. *indicare*, „anzeigen") für saure, neutrale oder alkalische Lösungen. Verantwortlich für die Farbreaktion sind die im Schwarztee enthaltenen Theaflavine und Thearubigine, das sind Stoffe, welche bei einer sauren oder alkalischen Umgebung typische Farben annehmen.

Folgeaufgabe („Wir forschen weiter"):

Schwarztee wird entweder mit Milch oder mit Zitronensaft getrunken, niemals jedoch mit beidem, da die Säure im Zitronensaft ein Zersetzen des Milcheiweißes zur Folge hat. Das unlösliche Eiweiß der Milch gerinnt/denaturiert und flockt aus, was den Geschmack und das Aussehen beeinflusst.

Rechercheaufgabe:

Das Prinzip der Denaturierung von Milcheiweiß durch Säure macht man sich bei der Herstellung von Quark zunutze: Milch wird mit Essig vermischt, die entstehende Masse durch ein Tuch gedrückt (filtriert) und der Rückstand mit Wasser ausgewaschen.

Versuchsbeschreibung 4: Backpulver und Essig ★ – ★★★ *S. 20*

Es handelt sich um eine chemische Reaktion.
Begründung: Es ist mindestens ein neuer Stoff entstanden. Dies ist zum einen erkennbar durch eine starke Gasentwicklung, die den Luftballon aufbläht. Weiterhin zeigt das pH-Papier in der Essiglösung zunächst

eine saure Lösung an, nach Ende des Versuchs ist die Lösung jedoch entweder neutral oder aber weniger sauer geworden.
Erklärung: Bei dem Gas handelt es sich um Kohlenstoffdioxid. Kohlenstoffdioxid entsteht, wenn eine Säure mit dem Natriumhydrogencarbonat des Backpulvers reagiert. Natriumhydrogencarbonat und Essig haben zu Natriumacetat, Kohlenstoffdioxid und Wasser reagiert.

Reaktionsgleichung:
$NaHCO_3 + CH_3COOH \rightarrow CH_3COONa + CO_2 \uparrow + H_2O$

Folgeaufgabe („Wir forschen weiter"):
Der Versuch wird ein zweites Mal durchgeführt, allerdings ohne Ballon. Hält man einen brennenden Holzspan in die Öffnung des Erlenmeyerkolbens, erlischt dieser, das entstehende Gas hat also eine erstickende Wirkung und kann deshalb nicht Sauerstoff sein. Alternative: Den Erlenmeyerkolben mit einem Gummistopfen verschließen, in dem ein gewinkeltes Glasrohr steckt. Taucht man dies in eine klare Calciumhydroxidlösung (Kalkwasser), trübt das Kohlenstoffdioxid das Kalkwasser (Kalkwasserprobe). Dieser Nachweis ist ein spezifischer Nachweis auf Kohlenstoffdioxid.

Rechercheaufgabe:
Backpulver ist ein sogenanntes Treibmittel. Es setzt beim Erwärmen im feuchten Teig das Gas Kohlenstoffdioxid frei. Dabei vergrößert sich das Volumen des Teigs. Einen ähnlichen Effekt kann durch hochprozentigen Alkohol wie Rum erreicht werden. Der Alkohol verdampft schon bei ca. 79 °C und dieser Dampf treibt den Teig in die Höhe.

Versuchsbeschreibung 5: Kalk und Essig ☆ – ☆☆☆ S. 21

Es handelt sich um eine chemische Reaktion.
Begründung: Es ist eine Gasbildung zu beobachten, die eine Veränderung der Stoffe anzeigt.
Erklärung: Bei der Reaktion von Essig mit Calciumcarbonat entsteht das Gas Kohlenstoffdioxid, dieses hat eine erstickende Wirkung (siehe Versuchsbeschreibung 4 Folgeaufgabe, negative Glimmspanprobe). Weiterhin entstehen Calciumacetat und Wasser.

Reaktionsgleichung:
$2\ CH_3COOH + CaCO_3 \rightarrow CO_2 \uparrow + Ca^{2+} (CH_3COO^-)_2 + H_2O$

Folgeaufgabe („Wir forschen weiter"):
Individuelle Schülerleistungen

Rechercheaufgabe:
Kalkflecken im Haus können einfach mit Speise-Essig entfernt werden. Allerdings sollten Kacheln vorher mit heißem Wasser abgespült werden, damit die Säure nicht die Fugen angreift. Käuflicher Kalkentferner basiert oft auf der Basis von Essig, Zitronensäure oder Milchsäure.

Versuchsbeschreibung 6: Erhitzen von Papier ☆ – ☆☆☆ S. 23

Es handelt sich um eine chemische Reaktion.
Begründung: Das Papier verfärbt sich braunschwarz, es verkohlt und zerfällt zu Asche. Außerdem ist eine geringfügige Rauchentwicklung und Geruchsveränderung festzustellen.
Erklärung: Die Verkohlung ist eine chemische Reaktion, bei der das Papier zersetzt wird. Dabei entsteht Kohlenstoff, Asche (verschiedene Oxide) und geringfügig Kohlenstoffdioxid.

Folgeaufgabe („Wir forschen weiter"):
Holz brennt, Zink schmilzt nur. Allerdings hängt die Reaktionsbereitschaft auch vom Zerteilungsgrad des Werkstoffes ab. So kann man feine Holzspäne mit einem Teelicht entzünden, ein kompaktes Holzstück jedoch nicht, da dieses eine kleinere Oberfläche und somit weniger Angriffsfläche für den Luftsauerstoff hat.

Rechercheaufgabe:
Holz, Papier und Zinn haben unterschiedliche Entzündungstemperaturen: Holz ca. 280–360 °C, Zeitungspapier ca. 175 °C, Zinn hat keine Entzündungstemperatur, sondern schmilzt bei ca. 232 °C.

Wenn Papier länger erhitzt wird, entsteht graue Asche. Sie besteht hauptsächlich aus Mineralien, die in den Füllstoffen des Papiers stecken, wie z.B. Gips oder Titanoxid. Auch bei der Grillkohle entsteht neben dem Verbrennungsprodukt Kohlenstoffdioxid ($C + O_2 \rightarrow CO_2$) noch Asche.

Versuchsbeschreibung 7: Erhitzen von Baum-, Eisen- und Glaswolle ☆ – ☆☆☆ S. 24

Bei Baumwolle und Eisenwolle handelt es sich jeweils um eine chemische Reaktion.
Erhitzt man Glaswolle, so schmilzt diese nur.

Begründung:

Baumwolle und Eisenwolle glühen auf bzw. verbrennen. Baumwolle verkohlt, die graue Eisenwolle verändert ihre Farbe nach graublau und zerbröselt.
Erklärung: Bei Baumwolle und Eisenwolle handelt es sich um eine Verbrennung, also eine Reaktion mit Sauerstoff unter Flammenerscheinung. Bei der Verbrennung von Baumwollwatte entsteht schwarzer Kohlenstoff, bei der Reaktion von Eisenwolle mit Sauerstoff entsteht Eisenoxid. Die Glaswolle zeigt keine chemische Reaktion, da ihre Entzündungstemperatur zu hoch ist. Schmelzen und Verdampfen sind keine chemischen Reaktionen, sondern nur physikalische Vorgänge.

Folgeaufgabe („Wir forschen weiter"):

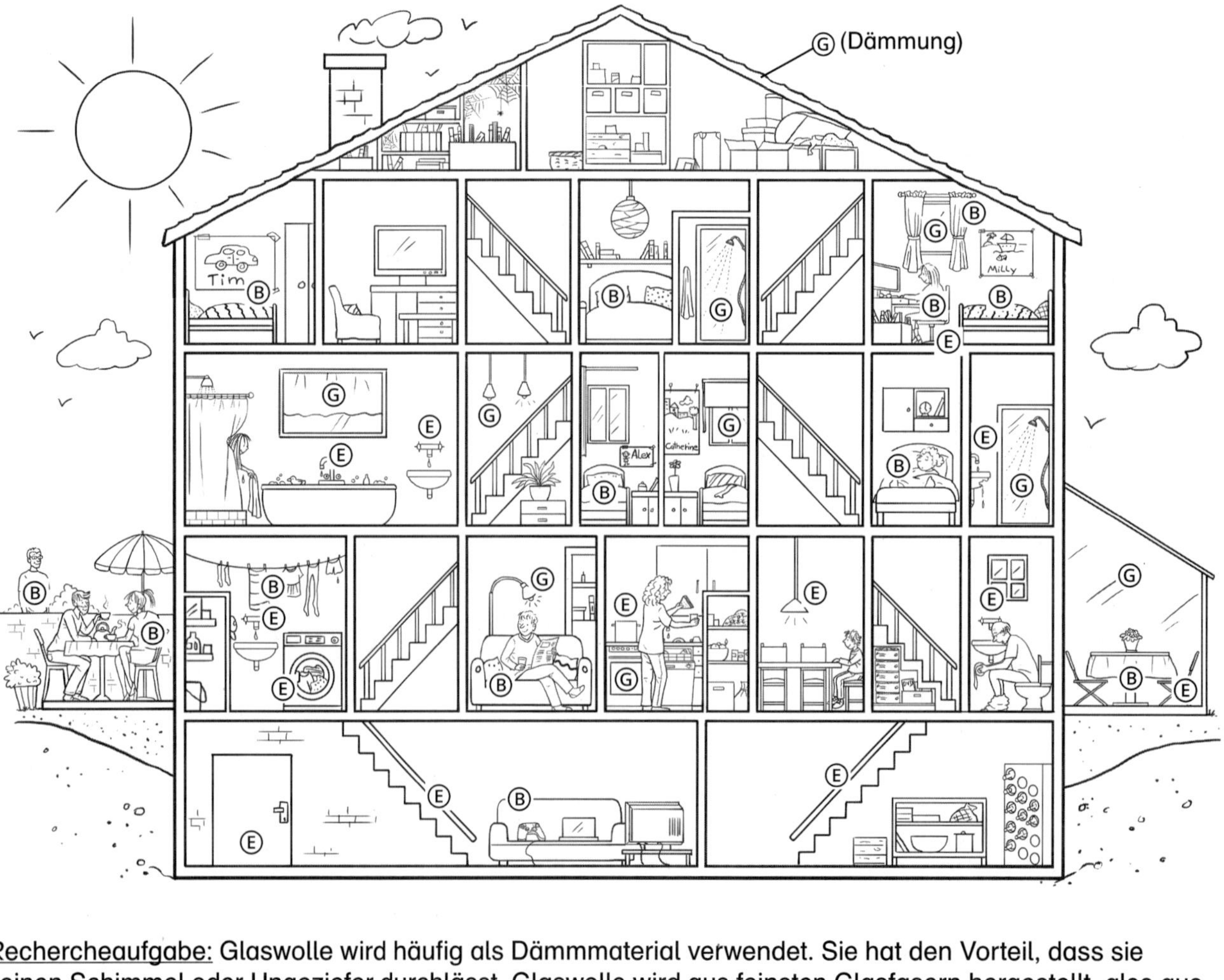

Rechercheaufgabe: Glaswolle wird häufig als Dämmmaterial verwendet. Sie hat den Vorteil, dass sie keinen Schimmel oder Ungeziefer durchlässt. Glaswolle wird aus feinsten Glasfasern hergestellt, also aus dem gleichen Material, das uns in Glasfaserkabeln ein schnelles Internet ermöglicht.
Andere Brandschutzmaterialien beim Hausbau sind u. a. Steinwolle, Beton, Gips (setzt bei Hitze Wassermoleküle frei), Kalksandstein, Ziegel.

Versuchsbeschreibung 8: Erhitzen von Mais ☆ – ☆☆☆ S. 26

Die Herstellung von Popcorn ist eine chemische Reaktion.
Begründung: Mais bildet durch die Erwärmung einen neuen Stoff (Popcorn) mit neuen Eigenschaften. Deutliche Eigenschaftsveränderungen sind Farbe, Form, Größe, Härte, Volumen, Dichte.

Folgeaufgabe: Dichteberechnung:

Beispielrechnung: Formel der Dichte: $\rho = \frac{m}{V}$
Dichte Mais: 5,5 g / 5 cm^3 = 1,1 g / cm^3
Dichte Popcorn: 2,1 g / 5 cm^3 = 0,42 g / cm^3

Unabhängig von den absoluten Zahlenwerten wird deutlich, dass die Dichte des Popcorns viel geringer ist als die Dichte des Maises. Sie ist deutlich unter 1; deshalb schwimmt Popcorn auf dem Wasser.

Rechercheaufgabe:

Individuelle Rechercheergebnisse mithilfe des Internets. Hilfreiche Seiten: http://www.maiskomitee.de/Fakten/Statistik/Deutschland und http://www.welche-popcornmaschine.com/

Versuchsbeschreibung 9: Rösten von Kaffee ☆ – ☆☆☆ S. 27

Die Röstung von Kaffee ist eine chemische Reaktion.
Begründung: Die rohen Kaffeebohnen bilden beim Erwärmen einen neuen Stoff (Röstkaffee) mit neuen Eigenschaften. Deutliche Eigenschaftsveränderungen sind Farbe, Geruch, Härte, Volumen, Dichte. (Berechnung siehe Versuch 8)

Folgeaufgabe („Wir forschen weiter"): s. o.

Beispielrechnung:
Dichte Kaffeebohnen: 6,4 g / 10 cm^3 = 0,64 g / cm^3
Dichte Röstkaffee: 2,2 g / 10 cm^3 = 0,22 g / cm^3

Unabhängig von den absoluten Zahlenwerten wird deutlich, dass die Dichte des Röstkaffees viel geringer ist als die Dichte der Kaffeebohnen. Sie ist deutlich unter 1; deshalb schwimmt Röstkaffee auf dem Wasser.

Rechercheaufgabe:

Individuelle Rechercheergebnisse mithilfe des Internets. Hilfreiche Seiten: https://www.kaffeezentrale.de/suedamerika und http://www.meister-kaffee.de/ueber-uns/unser-kaffee/roestung.html

Versuchsbeschreibung 10: Beispiel einer Synthese S. 28

Lösung zu Aufgaben mit ☆

1. Individuelle Lösungen
2. Wird Schwefeldampf über ein heißes Kupferblech geleitet, beobachtet man, dass das Kupfer aufglüht und sich verändert.
   Bei dieser chemischen Reaktion entsteht aus zwei unterschiedlichen Stoffen (hier: Schwefel und Kupfer) ein neuer Stoff.
   Dies erkennt man unter anderem an der Farbveränderung und Beschaffenheit (Konsistenz).
   Das Produkt aus unterschiedlichen Elementen nennt man Verbindung. Kupfer und Schwefel sind Elemente.
   Kupfer reagiert mit Schwefel zu Kupfersulfid. Eine chemische Reaktion, bei der aus Elementen ein neuer Stoff gebildet wird, nennt man Synthese.
   Vergleicht man das Anfangsgewicht mit dem Endgewicht, stellt man fest, dass sich das Gewicht der eingesetzten Stoffe nicht verändert hat.
   Diese Beobachtung beim Gewicht bedeutet: Bei einer chemischen Reaktion geht keine Masse verloren.

Weiterführende Aufgabe ☆☆

a) Experiment	**b) Reaktionspartner im Teilchenmodell**	**c) Massenvergleich**
Erklärung: Die Reaktionspartner in ihrer Reinform – gelbes Schwefelpulver und rot-gold-glänzendes Kupferblech	Erklärung: Kupfer und Schwefel reagieren im Verhältnis 2:1 miteinander.	Erklärung: Das Gewicht verändert sich nicht, weil bei einer chemischen Reaktion keine Masse verloren geht.

Weiterführende Aufgaben: ☆☆☆

4. Die Reaktion von Kupfer mit Schwefel ist eine exotherme Reaktion.
   Energiediagramm

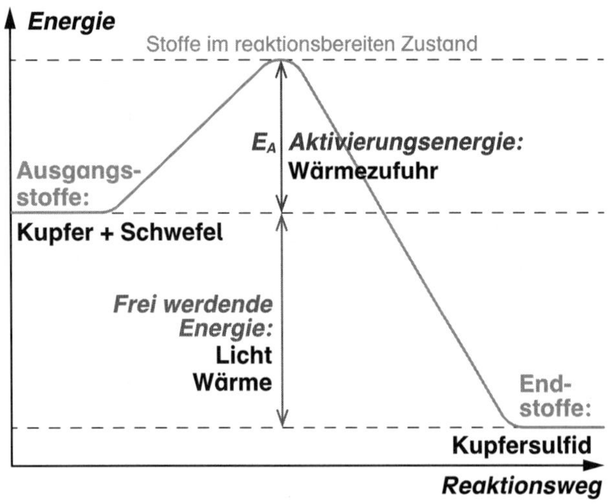

5. Individuelle Lösungen

Versuchsbeschreibung 11: Beispiel einer Analyse ☆ – ☆☆☆ S. 31

Lösung zu den Aufgaben mit ☆

1. Beim Erwärmen von Kupferacetat steigt ein Dampf auf, der nach Essig riecht. Im Reagenzglas bleibt ein rötlicher Rückstand.
2. Aus den Beobachtungen unter 1. ergibt sich die Vermutung, dass Essigdampf und Kupfer entstanden sind.
3. Die Verbindung Kupferacetat ist zerlegt worden.
4. Kupferacetat reagiert zu Kupfer und Essigsäure.

Weiterführende Aufgaben mit ☆☆

5.

Kupferacetat	→	Kupfer	+	Essigsäure
Verbindung	→	Element	+	Verbindung
Feststoff	→	Metall	+	Dampf

Weiterführende Aufgaben: ☆☆ – ☆☆☆

6. Individuelle Lösungen

Weiterführende Aufgaben: ☆☆☆

7. Die chemische Reaktion im Teilchenmodell

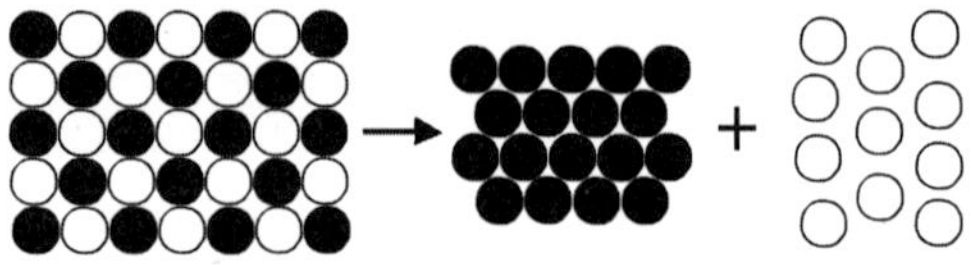

8. Wasser (H_2O) wird in seine Elemente zerlegt:
   A) 1. Es entstehen Wasserstoff und Sauerstoff.
   2. Wasser → Wasserstoff + Sauerstoff
   $2H_2O \rightarrow 2H_2 + O_2$
   3. Eine Analyse, die mithilfe von elektrischem Strom durchgeführt wird, nennt man Elektrolyse.

B) Die chemische Reaktion im Teilchenmodell:

oOo oOo → oo oo + OO

II Energetische Umsätze bei chemischen Reaktionen

Versuchsbeschreibung 1: Eine Wunderkerze brennt ☆ S. 39

1. Der Streichholzkopf entzündet sich und brennt von alleine weiter.
2. Das Glühen der Wunderkerze reicht aus, um das Streichholz zu entzünden. Es ist eine exotherme Reaktion, weil a) die Reaktion der Verbrennung durch die Aktivierungsenergie der glühenden Wunderkerze ausgelöst wird und weil b) die Reaktion ohne weitere Energiezufuhr von alleine weiterläuft.

Versuchsbeschreibung 2: Grillkohle verbrennt ☆ S. 40

1. Der Streichholzkopf entzündet sich und brennt weiter.
2. Das Glühen der Kohle reicht aus, um das Streichholz zu entzünden. Es ist eine exotherme Reaktion, weil a) die Reaktion der Verbrennung durch die Aktivierungsenergie der glühenden Kohle ausgelöst wird und weil b) die Reaktion ohne weitere Energiezufuhr weiterläuft.

Versuchsbeschreibung 3: Mais wird zu Popcorn ☆ S. 41

1. Der Streichholzkopf entzündet sich nicht am Popcorn.
2. Die Bildung von Popcorn aus Mais ist eine endotherme Reaktion, weil a) es nur bei dauerhafter Energiezufuhr zur Stoffveränderung und damit zur Bildung des Popcorns kommt und weil b) keine Energie freigesetzt wird, um das Streichholz entzünden zu können.

Versuchsbeschreibung 4: Ammoniumchlorid und Wasser ☆ S. 42

1. Beim Lösungsprozess sinkt die Temperatur unter 0 Grad Celsius.
2. Es handelt sich um eine endotherme Reaktion. Dem Wasser wird Energie in Form von Wärme zur Bildung einer Lösung entzogen. Die Folge ist eine Temperatursenkung.

Versuchsbeschreibung 5: Natriumacetat und Wasser ☆☆ S. 44

1. Die Temperatur steigt um ca. 7–8 °C.
2. Da Energie freigesetzt wird, handelt es sich um eine exotherme Reaktion.
3.

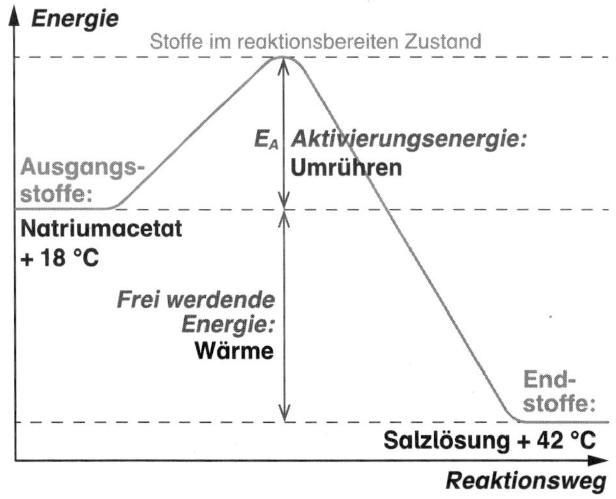

Versuchsbeschreibung 6a: Kupfersulfat und Wasser ☆☆ S. 45

1. Die Temperatur steigt um bis zu 35 °C.
2. Da Energie freigesetzt wird, handelt es sich um eine exotherme Reaktion.

3.

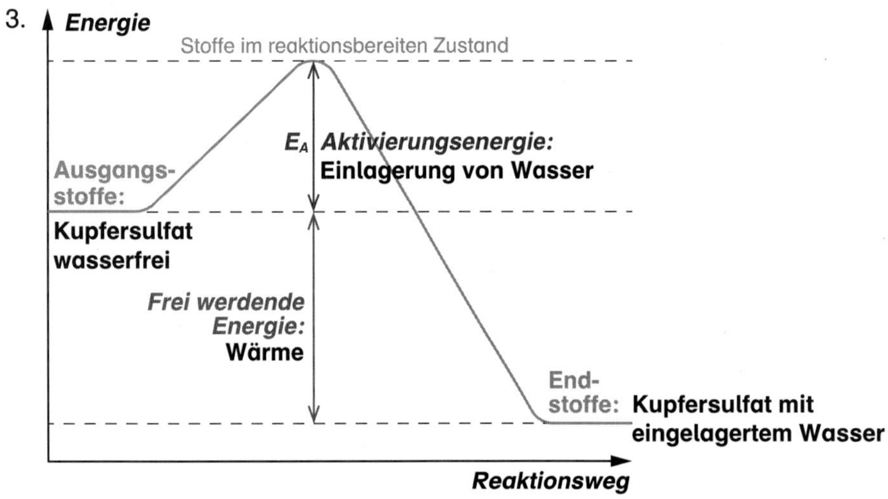

Versuchsbeschreibung 6b: Brennendes Streichholz ★★ *S. 46*

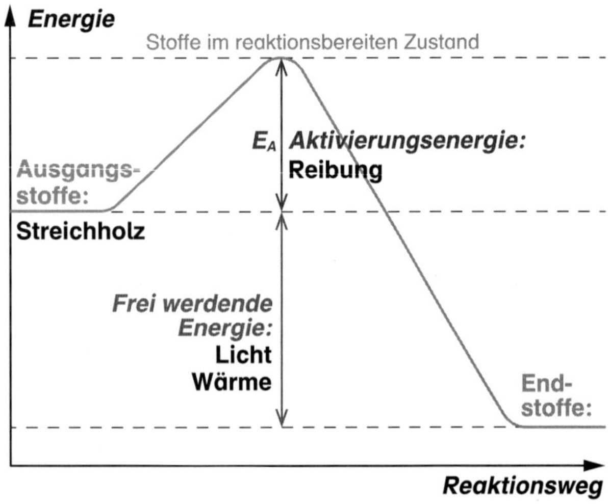

Versuchsbeschreibung 7: Ammoniumchlorid und Wasser ★★ *S. 47*

1. Die Temperatur sinkt um ca. 15 °C.
2. Da Energie für den Lösungsprozess verwendet wird und sich die Lösung abkühlt, handelt es sich um eine endotherme Reaktion.
3.

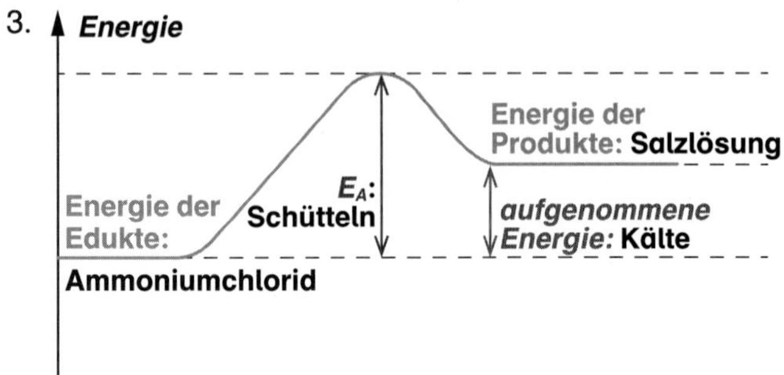

Extra Challenge:

Herstellung eines Kühlpacks: In einen Beutel das Ammoniumchlorid (ca. 30 g) füllen und den Beutel verschließen. Diesen Beutel in den zweiten Beutel legen. Den zweiten Beutel mit ca. 200 ml Wasser füllen und gut verschließen. Zum Auslösen der Kühlung den inneren Zip öffnen und sehr gut schütteln, sodass sich das Salz im äußeren Beutel verteilt und auflöst.

Versuchsbeschreibung 8: Dünger (Ammoniumnitrat) und Wasser ☆☆ *S. 48*

1. Die Temperatur sinkt um bis zu 25 °C.
   Beispielwerte:

Menge/Temp.	5 g	10 g	15 g
	4 °C	–5 °C	–9 °C

2. Da Energie für den Lösungsprozess verwendet wird und sich die Lösung abkühlt, handelt es sich um eine endotherme Reaktion.
3.

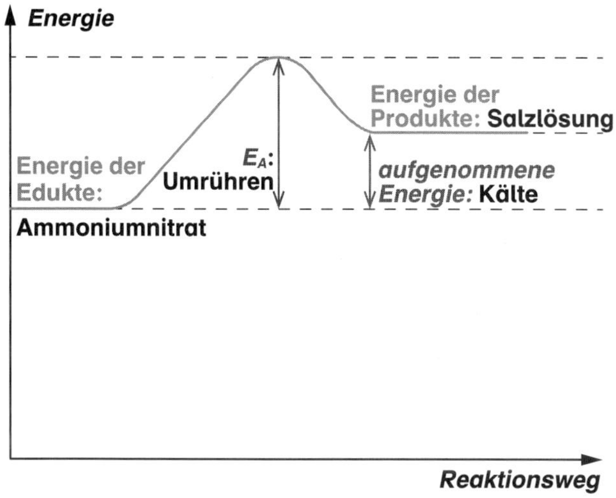

Versuchsbeschreibung 9: „Heißes“ Kurvendigramm mit „heißem Schnee“ ☆☆☆ *S. 49*

Beispielwerte:

Zeit [in Sek.]	0	5	10	15	20	25	30	35	40
Temperatur [in °C]	18,8*	22,3	28,7	33	37,2	39,1	40,8	41,4	42,3

* Anfangstemperatur

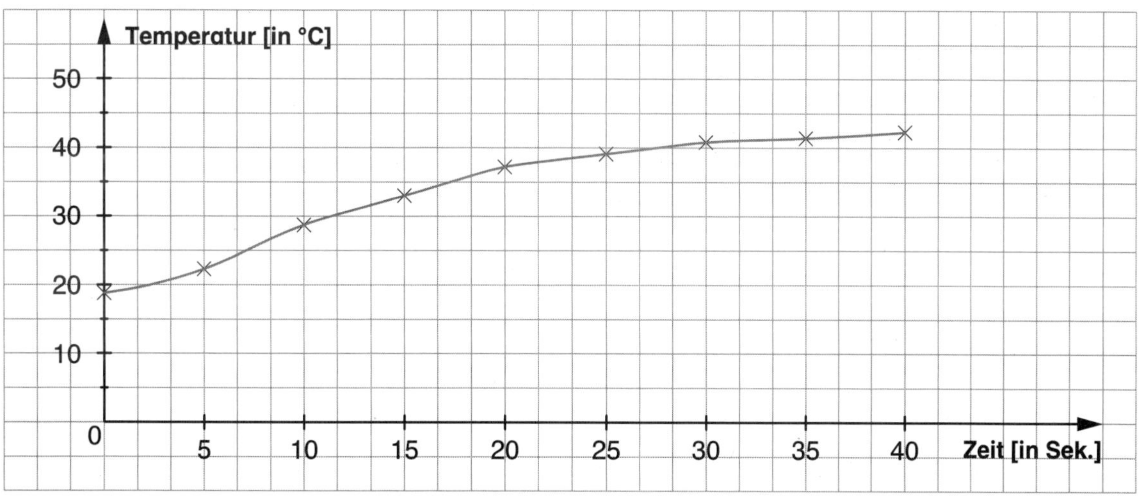

Versuchsbeschreibung 10: Säulendiagramm mit Trockenmittel ☆☆☆ S. 51

Beispielwerte:

Zeit [in Sek.]	0	5	10	15	20	25	30	35	...
Temperatur [in °C]	18,8*	32	40,2	43,7	45,1	46,8	49,9	51,5	

* Anfangstemperatur

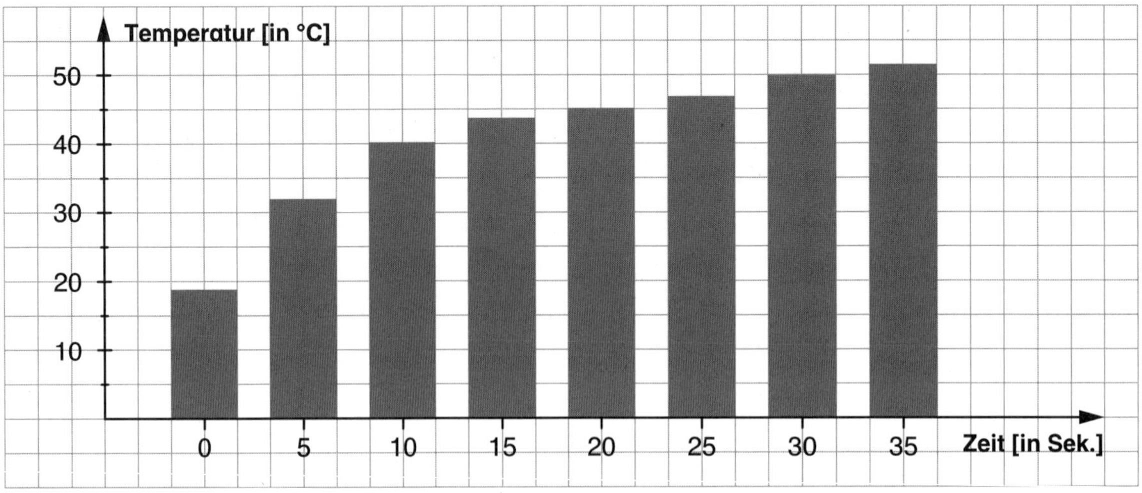

Versuchsbeschreibung 11: Spontane Abkühlung mit dem Balkendiagramm ☆☆☆ S. 53

Beispielwerte:

Zeit [in Sek.]	0	10	20	30	40	50	60	70	...
Temperatur [in °C]	20,2	20,1	19,5	18,9	17,8	16,9	15,8	15	

* Anfangstemperatur

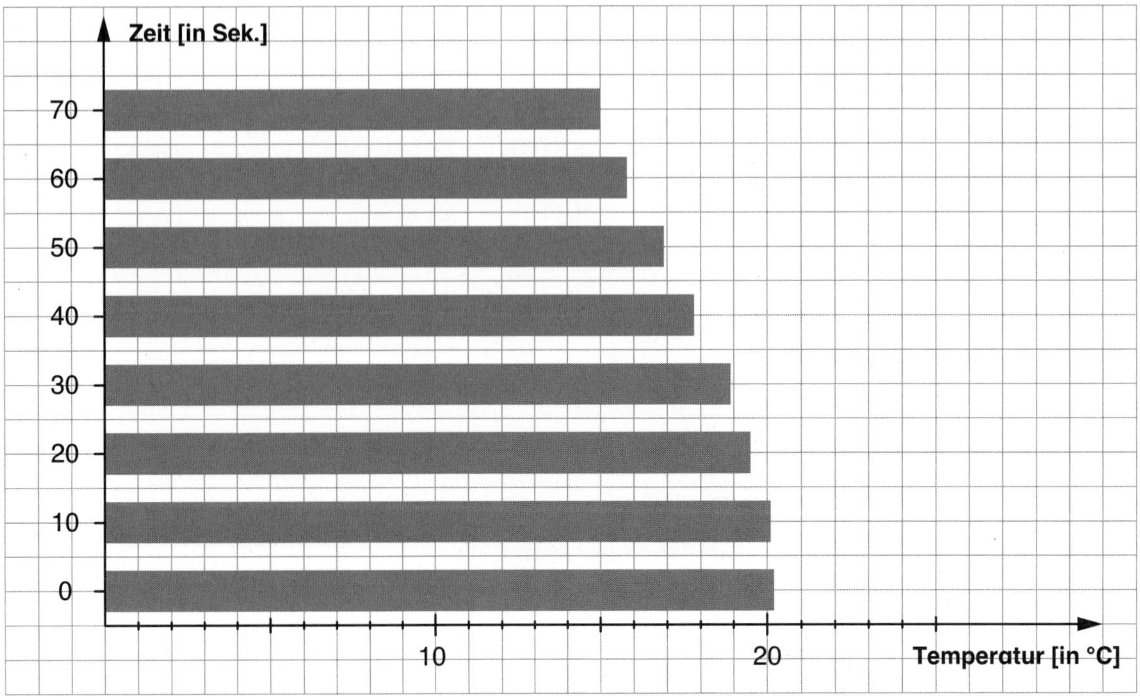

Versuchsbeschreibung 12: Cooles Drehbuch mit „coolem Salz" ☆☆☆ S. 55

1. Der Inhalt des Reagenzglases ist zunächst flüssig. Allmählich bemerkt man, wie er dickflüssiger wird und an den Rändern kristallisiert, bis schließlich der ganze Inhalt durchfriert.
2. Individuelle Lösungen

3. Die Schokomilch und die Sahne werden zu „Speiseeis“. Die Zugabe von Salz in zerkleinertem Eis bewirkt einen endothermen Lösungsprozess. Die Kälte bewirkt dann die Abkühlung des Reagenzglasinhaltes.
4. Dieser Prozess wird insbesondere bei der Speiseeisherstellung genutzt.

III Oxidationen, Reduktionen, Redoxreaktionen

Vorversuch: Die Rolle der Luft bei Verbrennungen ☆ – ☆☆☆ *S. 65*

1. Individuelle Lösungen
2. a) Die Kerze erlischt, wenn der Sauerstoff im Becherglas verbraucht ist.
   b) Die Kerze brennt, solange Sauerstoff vorhanden ist.
   c) Der verbrauchte Sauerstoff im Becherglas erzeugt einen Unterdruck, der das Wasser im Becherglas steigen lässt.
   d) Weil Luft nur zu einem Teil (ca. 21 %) aus Sauerstoff besteht, wird nicht die ganze Luft verbraucht, sodass sich das Becherglas nur zu einem Teil füllt.

Extra Challenge:

Beispielrechnung: 400 ml – 320 ml = 80 ml   80 ml von 400 ml $\triangleq$ 20 %
In der Luft sind also ca. 20 % Sauerstoff enthalten.

Versuchsbeschreibung 1: Was brennt eigentlich, wenn eine Kerze brennt? ☆ – ☆☆☆ *S. 66*

Zu Versuch 1:

1./2.

Zu Versuch 2:

1. An der Porzellankachel setzt sich ein schwarzer Stoff ab.
2. Es handelt sich um Kohlenstoff bzw. Ruß.

Zu Versuch 3:

Bei einer Kerze brennt der Wachsdampf. Der gelb leuchtende Bereich sind Rußteile, die glühen.

Weiterführende Aufgaben:

1.

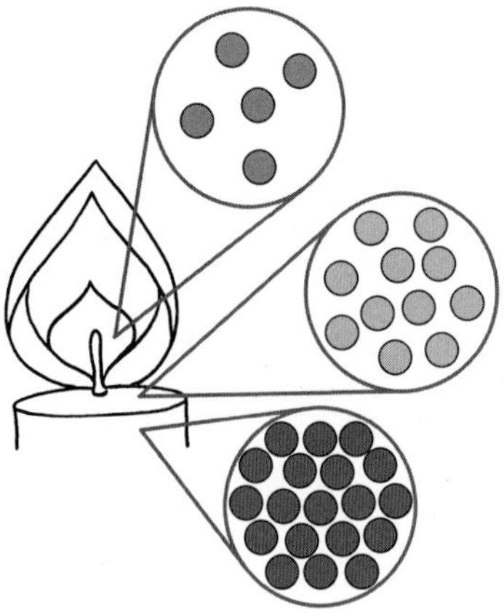

2.

3.

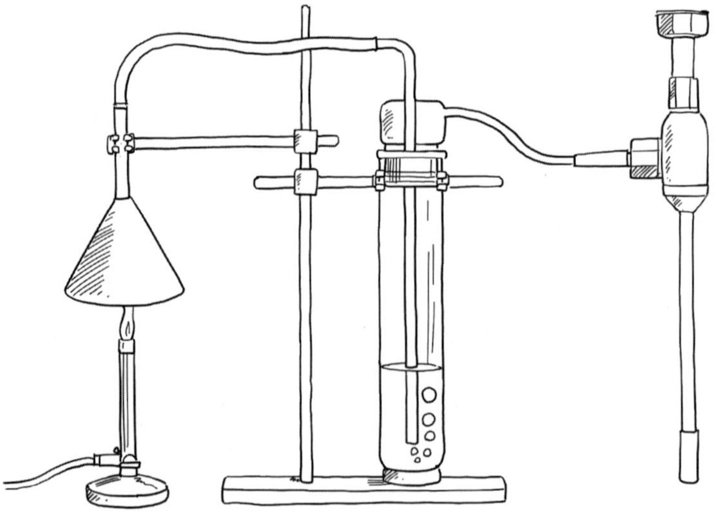

Versuchsbeschreibung 2a: Nichtmetalle oxidieren – aus Kohle wird Kohlenstoffdioxid ☆ – ☆☆☆
S. 69

1. Wird die glühende Kohle in den mit Sauerstoff gefüllten Rundkolben gehalten, brennt sie mit einer leuchtenden Flamme. Außerdem entsteht ein Gas, das den Rauminhalt des Kolbens füllt. Die klare Kalkwasserlösung trübt sich, wenn sie in den Kolben gegeben wird.
2. BEI DER VERBRENNUNG VON KOHLE REAGIERT KOHLENSTOFF MIT SAUERSTOFF. DABEI ENTSTEHT KOHLENSTOFFDIOXID.
3. Kalkwasser trübt sich durch die Bildung des in Wasser nicht löslichen Calciumcarbonats. Das Kohlenstoffdioxid der Verbrennungsreaktion reagiert mit dem Calciumhydroxid des Kalkwassers zu Calciumcarbonat (Kalk).
4. a) Kohlenstoff und Sauerstoff reagieren zu Kohlenstoffdioxid.
   b) Schwefel und Sauerstoff reagieren zu Schwefeldioxid.
   c) Nichtmetalle und Sauerstoff reagieren zu Nichtmetalloxiden.

Weiterführende Aufgaben:

5. a), b) und c)

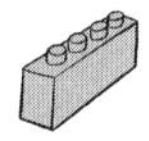	+	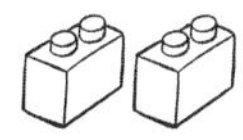	→	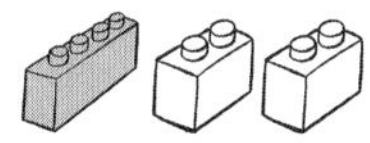
C	+	O_2	→	CO_2

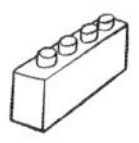	+		→	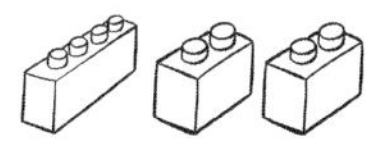
S	+	O_2	→	SO_2

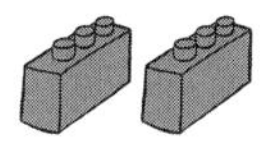	+	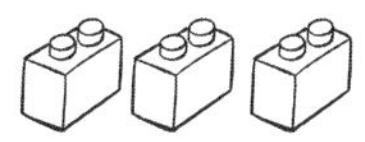	→	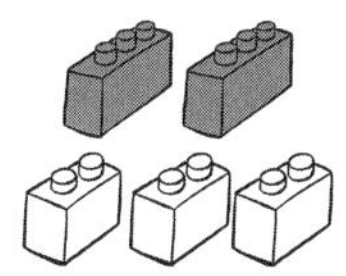
N_2	+	3O	→	N_2O_3

Versuchsbeschreibung 2b: Nichtmetalle oxidieren – aus Phosphor wird Phosphoroxid – S. 72

1. Individuelle Lösungen
2. Auf den Reibeflächen der Streichholzschachteln ist roter Phosphor aufgetragen, der sich durch die Reibungswärme entzündet. Bei der Verbrennung entsteht Phosphoroxid.
3. Wenn Nichtmetalloxide in Wasser gelöst werden, so zeigt der Universalindikator eine rötliche Verfärbung an: Es enstehen also saure Lösungen. Aus Phosphoroxid ensteht dann Phosphorsäure.

Weiterführende Aufgabe:

Wird Kohlenstoffdioxid in Wasser geleitet, so färbt sich auch hier der Universalindikator rötlich. Es entsteht auch hier eine (schwache) Säure; es handelt sich dabei um Kohlensäure.

Versuchsbeschreibung 3a: Metalle oxidieren – aus Kupfer wird Kupferoxid –
Versuchsbeschreibung 3b: Metalle oxidieren – aus Eisen wird Eisenoxid – S. 74

1. Die Kupfermünzen waren vorher rotgold glänzend, danach sind sie graublau. Die Eisenwolle war vorher grau, nach dem Erhitzen ist sie graublau und spröde.
2. Wird Kupfer in einer Flamme erhitzt, erkennt man eine Farbveränderung.
   Diese Veränderung ist nur dort zu beobachten, wo das Kupfer mit Sauerstoff in Berührung kommt. Auch Eisenwolle verändert sich in der Flamme. Es hat also eine chemische Reaktion stattgefunden.
   Allgemein kann man sagen:
   Bei einer Reaktion von Metallen mit Sauerstoff entstehen neue Stoffe, sogenannte Oxide. Kupfer reagiert mit Sauerstoff zu Kupferoxid, Eisen reagiert mit Sauerstoff zu Eisenoxid. Die chemische Reaktion eines Stoffes mit Sauerstoff wird Oxidation genannt.
3. Kupfer oxidiert an der Luft: Durch Reaktion mit Sauerstoff (und Wasser) entsteht ein neuer Stoff, der nicht mehr glänzt.

Versuchsbeschreibung 4: Rosten – eine langsame Oxidation – S. 76

1.

Glas 1	Glas 2	Glas 3	Glas 4	Glas 5	Glas 6
Keine Veränderung	Kleine braune Flecken am Nagel	Fast der ganze Nagel ist mit einer braunen Schicht bedeckt.	Große Teile des Nagels haben braune Flecken.	Keine Veränderung	Nur teilweise braune Flecken

2.

Rosten ist	einen guten Schutz gegen Oxidation.
Eisen rostet nur,	einen teilweisen Schutz gegen Korrosion.
Beim Rosten verändert sich das Metall und seine Eigenschaften. Dies wird	Korrosion genannt.
Je mehr Salze im Wasser gelöst sind,	eine chemische Reaktion.
Lack bewirkt	wenn Luftsauerstoff und Wasser vorhanden sind.
Öl bewirkt	desto stärker oxidiert das Eisen.

3. Um im Winter mein Fahrrad und die Fahrradkette vor Rost zu schützen, stelle ich es nicht dort ab, wo Salz gestreut wurde.
   Um im Winter mein Fahrrad und die Fahrradkette vor Rost zu schützen, öle ich die Fahrradkette regelmäßig ein.

Weiterführende Aufgaben:

4./5. Individuelle Lösungen

6. 5 g angefeuchtete Eisenwolle wird bis zum Boden des Reagenzglases locker gestopft. Das Reagenzglas wird mit der Öffnung nach unten in leicht gesalzenes Wasser gehalten und der Wasserstand mit einem wasserfesten Stift markiert. Nach einer Woche wird mit dem Stift an der Stelle eine Markierung gesetzt, bis zu der das Wasser gestiegen ist. Nun wird aus dem Gesamtvolumen des Reagenzglases und dem Volumen des gestiegenen Wassers der Sauerstoffverbrauch berechnet.

   Beispielrechnung (ausgehend von einem Reagenzglas 160 mm · 18 mm):
   Gesamtvolumen: 40 ml; gestiegener Wasserpegel: 4–8 ml
   Sauerstoffverbrauch (bei 6 ml gestiegenem Wasserpegel):
   40 ml ≙ 100 %   6 ml ≙ (6 ml · 100 %) : 40 ml = 15 %

Protokoll 1: Demonstrationsversuch: Metalloxide unter Flammeneinwirkung S. 79

1. Kupferoxid. Farbe ist braunschwarz.
2. Die Menge ist geringer geworden; es bleiben weiß-graue Ascheteile übrig.
3. Nach dem Erhitzen mit der Aktivkohle ist das schwarze Kupferoxid wieder rot geworden; es hat sich Kupfer gebildet.
4. Kupferoxid und Kohlenstoff reagieren zu Kupfer und Kohlenstoffdioxid.
5. Metalloxid und Nichtmetall reagieren zu Metall und Nichtmetalloxid.
6. a) Beim Erhitzen der Kupferschale wird das Kupfer oxidiert.
   b) Wird Aktivkohle in der Kupferschale erhitzt, so wird dabei dem Kupferoxid der Sauerstoff entzogen. (Kupferoxid wird reduziert.)
   c) Der Sauerstoff aus dem Kupferoxid reagiert mit der Kohle. Dabei entsteht Kohlenstoffdioxid.
   d) Nimmt ein Stoff Sauerstoff auf, so handelt es sich um eine Oxidation/~~Reduktion~~.
   e) Wird einem Stoff Sauerstoff entzogen, so handelt es sich um eine ~~Oxidation~~/Reduktion.
   f) Eine chemische Reaktion, bei der sowohl eine **RED**uktion als auch eine **OX**idation stattfinden, nennt man REDOXreaktion.

Weiterführende Aufgaben: ☆☆ – ☆☆☆ S. 80

7. Individuelle Lösungen.
8. Möglicher Versuchsaufbau und Durchführung:

   Möglicher Aufbau:

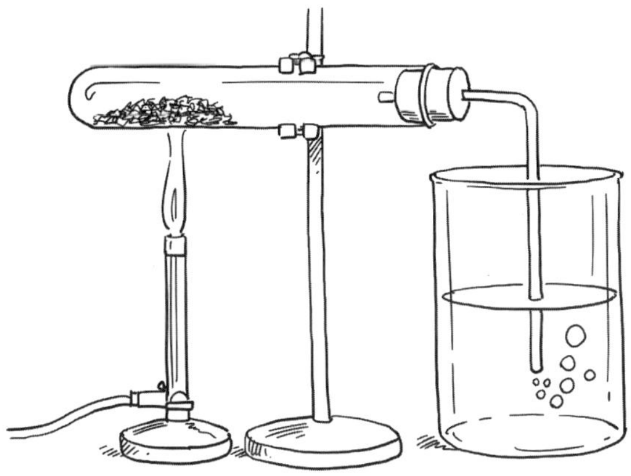

   Gib zwei Spatel Kupferoxid und drei Spatel Aktivkohle in das Reagenzglas, verschließe es mit einem Gummistopfen. Schüttle es gut, sodass es zu einer Durchmischung kommt. Spanne das Reagenzglas waagerecht in das Stativ und bilde in der Mitte eine Anhäufung des Gemischs (siehe Aufbauskizze). Führe ein rechtwinklig gebogenes Glasrohr in den Gummistopfen mit Loch und verschließe damit das Reagenzglas. Fülle ein 50 ml Becherglas zur Hälfte mit Kalkwasser und lass das Glasrohr darin eintauchen. Erwärme das Gemisch vorsichtig fächelnd mit der rauschenden Brennerflamme. Sobald du deutliche Veränderungen im Reagenzglas und Kalkwasser feststellst: Glasrohr aus dem Kalkwasser ziehen und Brenner ausmachen. Gib das erkaltete Gemisch in eine Porzellanschale.

   a) und b) Kalkwasser dient zum Nachweis von Kohlenstoffdioxid:

   $Ca(OH)_2(aq) + CO_2(g) \rightarrow CaCO_3(s) + H_2O(l)$

Versuchsbescheibung 5: Reduktion von Metalloxiden (mögl. Demonstrationsversuch) S. 81

1. a) Calcium: graues Granulat
   b) Wasser: klare Flüssigkeit
   Nach Durchführung des Versuches ist im großen Reagenzglas eine trübe Lösung entstanden und Gasbläschen haben sich gebildet.
2. a) Es hat geploppt.
   b) Das Watesmo-Papier hat sich blau verfärbt.
3. Durch die Knallgasprobe wird Wasserstoff nachgewiesen. Die Blaufärbung von Watesmo-Papier (oder Kupfer(II)-sulfat, wasserfrei) weist Wasser nach.

Vorlage: Bandolo, S. 83

Richtige Antworten:
Calcium wird oxidiert.
Die Verbindung Wasser ist Di-Wasserstoffoxid.
Wasser wird reduziert.
Bei der Oxidation entsteht Calciumoxid.
Bei der Reduktion entsteht Wasserstoff.
Wasserstoff wird bei der Verbrennung oxidiert zu Wasser.
Die Reaktion von Calcium mit Wasser ist eine Redoxreaktion.

Vorlage: Triomino, S. 84

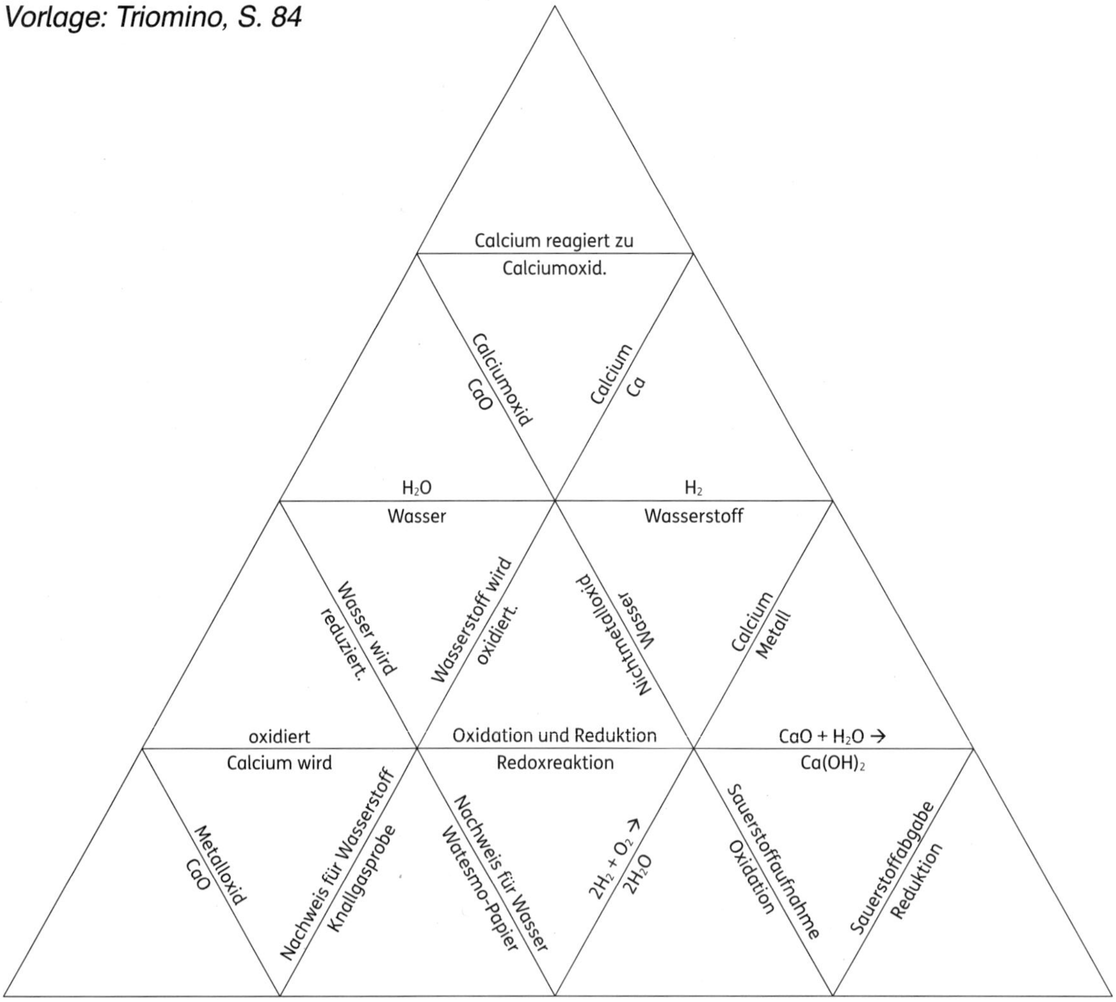

Versuchsbeschreibung 6: Reduktion mithilfe von Katalysatoren ☆ – ☆☆☆ S. 85

1. Individuelle Lösung
2. Individuelle Lösung

Weiterführende Aufgaben: ☆

1. Ein Katalysator ist ein Stoff, der eine chemische Reaktion in Gang bringt oder beschleunigt; er bleibt dabei aber selbst unverändert.
2. Im Experiment wurde ein biologischer Katalysator, nämlich Hefe, verwendet.
3. Hefe ist ein biologischer Katalysator, der eine Zersetzung des Wasserstoffperoxids in Wasser und Sauerstoff bewirkt.
4. Aus dem Wasserstoffperoxid entstehen Wasser und Sauerstoff.
5. Durch den glimmenden Holzspan wird Sauerstoff nachgewiesen.

Weiterführende Aufgaben: ☆☆

1. Individuelle Lösungen
2. Was für ein Katalysator wurde im Experiment verwendet: Hefe
3. Reaktionsschema (Wortgleichung) für die Reduktion von Wasserstoffperoxid H_2O_2: Wasserstoffperoxid reagiert zu Wasser und Sauerstoff.
4. Wozu diente der glimmende Holzspan? Der glimmende Holzspan dient als Nachweis von Sauerstoff. Er glüht hell auf oder bildet sogar eine Flamme.

Weiterführende Aufgaben: ☆☆☆

1. Individuelle Lösungen
2. Hefe ist ein biologischer Katalysator, Kaliumiodid ein chemischer Katalysator. Beide bewirken eine Zersetzung des Wasserstoffperoxids in Wasser und Sauerstoff.
3. Schreibe ein Reaktionsschema (Formelgleichung) für die Reduktion von Wasserstoffperoxid H_2O_2: Wasserstoffperoxid reagiert zu Wasser und Sauerstoff: $2H_2O_2 \rightarrow 2H_2O + O_2$

Hinweis: Die Gefährdungsbeurteilungen fußen auf den Einstufungen, die zur Zeit der Entstehung dieses Werks gültig waren. Es obliegt der Sorgfaltspflicht der Lehrkraft, sich nach möglichen Veränderungen zu erkundigen (z. B. beim Gefahrstoffbeauftragten der Schule).

Gefahrenhinweise – H-Sätze
H225: Flüssigkeit und Dampf leicht entzündbar.
H226: Flüssigkeit und Dampf entzündbar.
H228: Entzündbarer Feststoff.
H251: Selbsterhitzungsfähig; kann in Brand geraten.
H261: In Berührung mit Wasser entstehen entzündbare Gase.
H272: Kann Brand verstärken; Oxidationsmittel.
H290: Kann gegenüber Metallen korrosiv sein.
H302: Gesundheitsschädlich bei Verschlucken.
H314: Verursacht schwere Verätzungen der Haut und schwere Augenschäden.
H315: Verursacht Hautreizungen.
H318: Verursacht schwere Augenschäden.
H319: Verursacht schwere Augenreizung.
H335: Kann die Atemwege reizen.
H336: Kann Schläfrigkeit und Benommenheit verursachen.
H410: Sehr giftig für Wasserorganismen mit langfristiger Wirkung
H412: Schädlich für Wasserorganismen, mit langfristiger Wirkung.
H302 + H332: Gesundheitsschädlich bei Verschlucken oder Einatmen.

Gefahrenhinweise der EU – EUH-Sätze
EUH014: Reagiert heftig mit Wasser.
EUH066: Wiederholter Kontakt kann zu spröder oder rissiger Haut führen.

Sicherheitshinweise – P-Sätze
P210: Von Hitze, heißen Oberflächen, Funken, offenen Flammen sowie anderen Zündquellen fernhalten. Nicht rauchen.
P220: Von Kleidung und anderen brennbaren Materialien fernhalten.
P223: Keinen Kontakt mit Wasser zulassen.
P232: Vor Feuchtigkeit schützen.
P240: Behälter und zu befüllende Anlage erden.
P260: Staub / Rauch / Gas / Nebel / Dampf / Aerosol nicht einatmen.
P261: Einatmen von Staub / Rauch / Gas / Nebel / Dampf / Aerosol vermeiden.
P264.1: Nach Gebrauch ... gründlich waschen.
P273: Freisetzung in die Umwelt vermeiden.
P280: Schutzhandschuhe / Schutzkleidung / Augenschutz / Gesichtsschutz tragen.
P313: Ärztlichen Rat einholen / ärztliche Hilfe hinzuziehen.
P501: Entsorgung des Inhalts / des Behälters gemäß den örtlichen / regionalen / nationalen / internationalen Vorschriften
P301 + P312 + P330: Bei Verschlucken: Mund ausspülen. Bei Unwohlsein Giftinformationszentrum / Arzt anrufen.
P301 + P330 + P331: Bei Verschlucken: Mund ausspülen. Kein Erbrechen herbeiführen.
P302 + P352: BEI BERÜHRUNG MIT DER HAUT: Mit viel Wasser und Seife waschen.
P303 + P361 + P353: BEI BERÜHRUNG MIT DER HAUT (oder dem Haar): Alle kontaminierten Kleidungsstücke sofort ausziehen. Haut mit Wasser abwaschen oder duschen.
P304 + P340 + P310: BEI EINATMEN: Die Person an die frische Luft bringen und für ungehinderte Atmung sorgen. Sofort GIFTINFORMATIONSZENTRUM oder Arzt anrufen.
P305 + P351 + P338: Bei Kontakt mit den Augen: Einige Minuten lang behutsam mit Wasser spülen. Eventuell vorhandene Kontaktlinsen nach Möglichkeit entfernen. Weiter spülen.
P370 + P378: Bei Brand: Metallbrandpulver zum Löschen verwenden.
P402 + P404: An einem trockenen Ort aufbewahren. In einem geschlossenen Behälter aufbewahren.
P403 + P233: An einem gut belüfteten Ort aufbewahren. Behälter dicht verschlossen halten.

1. Durchführung (Tätigkeitsbeschreibung)

1. Spannt das Reagenzglas schräg in das Stativ.
2. Erhitzt erst das Kupferblech mit der rauschenden Flamme, dann den Schwefel. Beendet das Erhitzen, wenn kein gelbes Schwefelpulver mehr zu sehen ist.
3. Nach dem Abkühlen wiegt nochmals das Gesamtgewicht und notiert es ebenfalls im Protokoll (Toleranzgrenze 0,3 g).

2. Einstufung der Gefahrstoffe

Stoffbezeichnung	Signalwort	GHS-Zeichen	H-Sätze	EUH-Sätze	P-Sätze	AGW in mg/m³
Schwefel (sublimiert)	Achtung		H228, H315	–	P280, P302 + P352	2,7 (SO_2) Schwefeloxid

3. Gefahrenabschätzung

Gefahren	Ja	Nein	Sonstige Gefahren und Hinweise
durch Einatmen	x		Feuerfeste Arbeitsplatte aus Metall oder Keramik benutzen.
durch Hautkontakt	x		
Brandgefahr	x		
Explosionsgefahr		x	

4. Substitution von Gefahrstoffen

☒ Nein ☐ Ja

5. Entsorgung

Reste in das Sammelgefäß „Anorganische Feststoffe" geben.

6. Schutzmaßnahmen

Mindeststandards TRGS 500	Schutzbrille	Schutzhandschuhe	Abzug	geschlossenes System	Lüftungsmaßnahmen	Brandschutzmaßnahmen	Weitere Maßnahmen:
x	x	x	x			x	

7. Sonstiges: ausformulierte H- und P- Sätze, vgl. Übersicht S. 103

Schule: ____________________ **Fachlehrer/in:** ____________________

Datum: ____________________ **Unterschrift:** ____________________

1. Durchführung (Tätigkeitsbeschreibung)

1. Gebt einen Spatel Kupfer(II)-acetat in das Reagenzglas.
2. Haltet das Reagenzglas schräg über der rauschenden Flamme.

2. Einstufung der Gefahrstoffe

Stoffbezeichnung	Signalwort	GHS-Zeichen	H-Sätze	EUH-Sätze	P-Sätze	AGW in mg/m³
Kupfer(II)-acetat-Monohydrat	Gefahr		H302, H314, H410	–	P260, P273, P280, P301 + P312 + P330, P303 + P361 + P353, P304 + P340 + P310, P305 + P351 + P338	–
Essigsäure	Achtung		H226, H290, H314	–	P210, P280, P301 + P330 + P331, P305 + P351 + P338	25 (Essigsäure)

3. Gefahrenabschätzung

Gefahren	Ja	Nein	Sonstige Gefahren und Hinweise
durch Einatmen	x		a) Gefahrenverringerung bei Essigsäure durch Verdünnung auf 5 Prozent. b) Tätigkeitsbeschränkung für Schülerinnen und Schüler bis einschließlich Jahrgangsstufe 4 für Kupfer(II)-acetat-Monohydrat
durch Hautkontakt	x		
Brandgefahr	x		
Explosionsgefahr		x	

4. Substitution von Gefahrstoffen

☒ Nein ☐ Ja

5. Entsorgung

Reste in das Sammelgefäß „Anorganische Feststoffe" geben.

6. Schutzmaßnahmen

Mindeststandards TRGS 500	Schutzbrille	Schutzhandschuhe	Abzug	geschlossenes System	Lüftungsmaßnahmen	Brandschutzmaßnahmen	Weitere Maßnahmen:
x	x	x			x	x	

7. Sonstiges: ausformulierte H- und P- Sätze, vgl. Übersicht S. 103

Schule: ______________________ **Fachlehrer/in:** ______________________

Datum: ______________________ **Unterschrift:** ______________________

1. Durchführung (Tätigkeitsbeschreibung)

1. Holt euch eine Wunderkerze und ein Feuerzeug. Entzündet mithilfe des Feuerzeugs die Wunderkerze und wartet, bis sie fast abgebrannt ist.
2. Haltet den Kopf eines Streichholzes so an die glühende Stelle der Wunderkerze wie in der Abbildung.

2. Einstufung der Gefahrstoffe

Stoffbezeichnung	Signalwort	GHS-Zeichen	H-Sätze	EUH-Sätze	P-Sätze	AGW in mg/m³
Eisen (Wunderkerze)	Achtung		H228, H251	–	P210, P260, P370 + P378	–
Aluminium (Wunderkerze)	Achtung		H228, H261	–	P210, P370 + P378, P402 + P404	1,25
Bariumnitrat (Wunderkerze)	Gefahr	 	H272, H302 + H332	–	P220	0,5

3. Gefahrenabschätzung

Gefahren	Ja	Nein	Sonstige Gefahren und Hinweise
durch Einatmen	x		Versuch im Freien oder im Abzug durchführen.
durch Hautkontakt	x		
Brandgefahr	x		
Explosionsgefahr		x	

4. Substitution von Gefahrstoffen

☒ Nein ☐ Ja

5. Entsorgung

Reste in das Sammelgefäß „Anorganische Feststoffe" geben.

6. Schutzmaßnahmen

Mindeststandards TRGS 500	Schutzbrille	Schutzhandschuhe	Abzug	geschlossenes System	Lüftungsmaßnahmen	Brandschutzmaßnahmen	Weitere Maßnahmen:
x	x		x		x	x	

7. Sonstiges: ausformulierte H- und P- Sätze, vgl. Übersicht S. 103

Schule: ____________________ **Fachlehrer/in:** ____________________

Datum: ____________________ **Unterschrift:** ____________________

1. Durchführung (Tätigkeitsbeschreibung)

1. Füllt das Reagenzglas halb voll mit Wasser.
2. Messt die Temperatur des Wassers mit dem Thermometer.
3. Gebt einen gehäuften Spatel Ammoniumchlorid in das Reagenzglas.
4. Verschließt das Reagenzglas mit dem Gummistopfen und schüttelt kräftig, sodass sich das Salz auflöst.
5. Nehmt den Gummistopfen ab und messt nochmals die Temperatur.

2. Einstufung der Gefahrstoffe

Stoffbezeichnung	Signalwort	GHS-Zeichen	H-Sätze	EUH-Sätze	P-Sätze	AGW in mg/m³
Ammoniumchlorid	Achtung	(!)	H302, H319	–	P305 + P351 + P338	–

3. Gefahrenabschätzung

Gefahren	Ja	Nein	Sonstige Gefahren und Hinweise
durch Einatmen	x		
durch Hautkontakt	x		
Brandgefahr	x		
Explosionsgefahr		x	

4. Substitution von Gefahrstoffen

☒ Nein ☐ Ja

5. Entsorgung

Reste in das Sammelgefäß „Anorganische Feststoffe" geben.

6. Schutzmaßnahmen

Mindeststandards TRGS 500	Schutzbrille	Schutzhandschuhe	Abzug	geschlossenes System	Lüftungsmaßnahmen	Brandschutzmaßnahmen	Weitere Maßnahmen:
x	x	x	x				

7. Sonstiges: ausformulierte H- und P- Sätze, vgl. Übersicht S. 103

Schule: ____________________ **Fachlehrer/in:** ____________________

Datum: ____________________ **Unterschrift:** ____________________

1. Durchführung (Tätigkeitsbeschreibung)

1. Gebt einen Spatellöffel Kupfersulfat in die Teelichthülle.
2. Haltet das Thermometer in das Kupfersalz und messt die Anfangstemperatur.
3. Gebt mit der Pipette 2–3 ml Wasser hinzu.
4. Beobachtet den Temperaturverlauf und notiert ihn im Protokoll.

2. Einstufung der Gefahrstoffe

Stoffbezeichnung	Signalwort	GHS-Zeichen	H-Sätze	EUH-Sätze	P-Sätze	AGW in mg/m³
Kupfer(II)-sulfat, wasserfrei	Achtung		H302, H315, H319, H410	–	P273, P302 + P352, P305, + P351 + P338	0,01

3. Gefahrenabschätzung

Gefahren	Ja	Nein	Sonstige Gefahren und Hinweise
durch Einatmen	x		Augenwaschflasche mit steriler Einmallösung bereithalten oder Handhabung der Augendusche erläutern.
durch Hautkontakt	x		
Brandgefahr	x		
Explosionsgefahr		x	

4. Substitution von Gefahrstoffen

☒ Nein ☐ Ja

5. Entsorgung

Reste in den Abfallbehälter „Schwermetallsalze" geben.

6. Schutzmaßnahmen

Mindeststandards TRGS 500	Schutzbrille	Schutzhandschuhe	Abzug	geschlossenes System	Lüftungsmaßnahmen	Brandschutzmaßnahmen	Weitere Maßnahmen:
x	x	x			x		

7. Sonstiges: ausformulierte H- und P- Sätze, vgl. Übersicht S. 103

Schule: ______________________ **Fachlehrer/in:** ______________________

Datum: ______________________ **Unterschrift:** ______________________

1. Durchführung (Tätigkeitsbeschreibung)

1. Füllt 20 ml Wasser in das Reagenzglas.
2. Messt die Temperatur des Wassers und tragt sie im Protokoll ein.
3. Wiegt auf den drei Rundfiltern je 5 g Ammoniumchlorid ab.
4. Gebt in das Reagenzglas 5 g des Salzes.
5. Schüttelt das Reagenzglas, haltet es dabei am oberen Rand fest.
6. Messt die Temperatur, wenn sich das Salz komplett gelöst hat.
7. Gebt nun weitere 5 g des Salzes hinzu, schüttelt und stellt die tiefste Temperatur fest.
8. Gebt nun weitere 5 g des Salzes hinzu, schüttelt und stellt die tiefste Temperatur fest.

2. Einstufung der Gefahrstoffe

Stoffbezeichnung	Signalwort	GHS-Zeichen	H-Sätze	EUH-Sätze	P-Sätze	AGW in mg/m³
Ammoniumchlorid	Achtung	(!)	H302, H319	–	P305 + P351 + P338	–

3. Gefahrenabschätzung

Gefahren	Ja	Nein	Sonstige Gefahren und Hinweise
durch Einatmen	x		
durch Hautkontakt	x		
Brandgefahr	x		
Explosionsgefahr		x	

4. Substitution von Gefahrstoffen

☒ Nein ☐ Ja

5. Entsorgung

Reste der Eisenwolle in das Sammelgefäß „Anorganische Feststoffe" oder in den Restmüll geben.

6. Schutzmaßnahmen

Mindeststandards TRGS 500	Schutzbrille	Schutzhandschuhe	Abzug	geschlossenes System	Lüftungsmaßnahmen	Brandschutzmaßnahmen	Weitere Maßnahmen:
x	x	x	x	x			

7. Sonstiges: ausformulierte H- und P- Sätze, vgl. Übersicht S. 103

Schule: ______________________ **Fachlehrer/in:** ______________________

Datum: ______________________ **Unterschrift:** ______________________

1. Durchführung (Tätigkeitsbeschreibung)

1. Füllt das Becherglas mit 15 ml Wasser.
2. Messt die Temperatur des Wassers und tragt sie im Protokoll ein.
3. Wiegt in den drei Teelichthüllen jeweils 5 g Ammoniumnitrat ab.
4. Schüttet den Inhalt der ersten Teelichthülle in das Wasser und rührt um. Messt die Temperatur, nachdem sich alles gelöst hat. Messvorgang je nach Zugabe des zweiten und dritten Teelichtbehälters wiederholen. Notiert dabei die niedrigste Temperatur.

2. Einstufung der Gefahrstoffe

Stoffbezeichnung	Signalwort	GHS-Zeichen	H-Sätze	EUH-Sätze	P-Sätze	AGW in mg/m³
Ammoniumnitrat als Düngemittel	Achtung		H315, H319, H335	–	P261, P305 + P351 + P338	–

3. Gefahrenabschätzung

Gefahren	Ja	Nein	Sonstige Gefahren und Hinweise
durch Einatmen	x		Stäube vermeiden
durch Hautkontakt	x		
Brandgefahr	x		
Explosionsgefahr		x	

4. Substitution von Gefahrstoffen

☒ Nein ☐ Ja

5. Entsorgung

Reste in das Sammelgefäß „Anorganische Salzlösungen“ geben.

6. Schutzmaßnahmen

Mindeststandards TRGS 500	Schutzbrille	Schutzhandschuhe	Abzug	geschlossenes System	Lüftungsmaßnahmen	Brandschutzmaßnahmen	Weitere Maßnahmen:
x	x				x		

7. Sonstiges: ausformulierte H- und P- Sätze, vgl. Übersicht S. 103

Schule: ______________________ **Fachlehrer/in:** ______________________

Datum: ______________________ **Unterschrift:** ______________________

1. Durchführung (Tätigkeitsbeschreibung)

1. Das Calciumchlorid bis zur 20 ml-Markierung in das Becherglas füllen.
2. Der Experimentator stellt das digitale Thermometer in das Salz und misst die Anfangstemperatur, die der Protokollant in nachfolgende Tabelle notiert.
3. Zu dem Salz werden nun 10 ml Wasser gegeben.
4. Gleichzeitig startet der Zeitwächter die Stoppuhr und sagt alle 5 Sekunden „jetzt“. Der Experimentator liest nun alle 5 Sekunden die Temperatur ab, die der Protokollant notiert. Wenn die Temperatur nicht mehr steigt, wird die Zeitmessung beendet.

2. Einstufung der Gefahrstoffe

Stoffbezeichnung	Signalwort	GHS-Zeichen	H-Sätze	EUH-Sätze	P-Sätze	AGW in mg/m³
Calciumchlorid	Achtung		H319	–	P305 + 351 + 338	–

3. Gefahrenabschätzung

Gefahren	Ja	Nein	Sonstige Gefahren und Hinweise
durch Einatmen	x		a) Tätigkeitsverbot für Schülerinnen und Schüler bis einschließlich Jahrgangsstufe 4 b) Augenwaschflasche mit steriler Einmallösung bereithalten oder Handhabung der Augendusche erläutern.
durch Hautkontakt	x		
Brandgefahr	x		
Explosionsgefahr		x	

4. Substitution von Gefahrstoffen

☒ Nein ☐ Ja

5. Entsorgung

Reste in einem Plastikbeutel in den Restmüll geben.

6. Schutzmaßnahmen

Mindeststandards TRGS 500	Schutzbrille	Schutzhandschuhe	Abzug	geschlossenes System	Lüftungsmaßnahmen	Brandschutzmaßnahmen	Weitere Maßnahmen:
x	x	x			x		

7. Sonstiges: ausformulierte H- und P- Sätze, vgl. Übersicht S. 103

Schule: ______________________ **Fachlehrer/in:** ______________________

Datum: ______________________ **Unterschrift:** ______________________

1. Durchführung (Tätigkeitsbeschreibung)

1. Zunächst 12,9 g Zinksulfat-Heptahydrat und 6,6 g Kaliumchlorid in je eine Wägeschale abwiegen.
2. Beide Salze **gleichzeitig** in das Becherglas geben.
3. Mit dem digitalen Thermometer die Anfangstemperatur messen, die der Protokollant in nachfolgende Tabelle notiert.
4. Der Experimentator rührt nun das Gemisch mit dem Glasstab um, gleichzeitig startet der Zeitwächter die Stoppuhr und sagt alle 10 Sekunden „jetzt". Unter stetigem Rühren liest der Experimentator nun alle 10 Sekunden die Temperatur ab, die der Protokollant notiert. Wenn die Temperatur sich nicht mehr verändert, wird die Zeitmessung beendet.

2. Einstufung der Gefahrstoffe

Stoffbezeichnung	Signalwort	GHS-Zeichen	H-Sätze	EUH-Sätze	P-Sätze	AGW in mg/m³
Zinksulfat-Heptahydrat	Gefahr		H302, H318, H410	–	P273, P280, P305 + P351 + P338, P313	0,1

3. Gefahrenabschätzung

Gefahren	Ja	Nein	Sonstige Gefahren und Hinweise
durch Einatmen	x		a) Tätigkeitsbeschränkung für Schülerinnen und Schüler bis einschließlich Jahrgangsstufe 4. b) Augenwaschflasche mit steriler Einmallösung bereithalten oder Handhabung der Augendusche erläutern.
durch Hautkontakt	x		
Brandgefahr		x	
Explosionsgefahr		x	

4. Substitution von Gefahrstoffen

☒ Nein ☐ Ja

5. Entsorgung

Reste in das Sammelgefäß „Anorganische Salzlösungen" geben.

6. Schutzmaßnahmen

Mindeststandards TRGS 500	Schutzbrille	Schutzhandschuhe	Abzug	geschlossenes System	Lüftungsmaßnahmen	Brandschutzmaßnahmen	Weitere Maßnahmen:
x	x	x			x		Laborkittel tragen. Freisetzung vermeiden.

7. Sonstiges: ausformulierte H- und P- Sätze, vgl. Übersicht S. 103

Schule: ______________________ **Fachlehrer/in:** ______________________

Datum: ______________________ **Unterschrift:** ______________________

1. Durchführung (Tätigkeitsbeschreibung)

1. Haltet das Holzkohlestück mit der Tiegelzange in die rauschende Flamme des Brenners, bis es anfängt zu glühen.
2. Legt das glühende Holzkohlestück zügig in den Verbrennungslöffel und führt diesen in den Rundkolben ein.
3. Beobachtet genau.
4. Nach Beendigung des Verbrennungsvorganges gebt 50 ml Kalkwasser in den Rundkolben, setzt den Gummistopfen wieder darauf und schüttelt vorsichtig durch.

2. Einstufung der Gefahrstoffe

Stoffbezeichnung	Signalwort	GHS-Zeichen	H-Sätze	EUH-Sätze	P-Sätze	AGW in mg/m³
Kalkwasser/ Calciumhydroxid	Gefahr		H315, H318, H335	–	P280, P305 + P351 + P338	1

3. Gefahrenabschätzung

Gefahren	Ja	Nein	Sonstige Gefahren und Hinweise
durch Einatmen	x		Tätigkeitsbeschränkung für Schülerinnen und Schüler bis einschließlich Jahrgangsstufe 4.
durch Hautkontakt	x		
Brandgefahr		x	
Explosionsgefahr		x	

4. Substitution von Gefahrstoffen

☒ Nein ☐ Ja

5. Entsorgung

Reste in den Ausguss geben.

6. Schutzmaßnahmen

Mindeststandards TRGS 500	Schutzbrille	Schutzhandschuhe	Abzug	geschlossenes System	Lüftungsmaßnahmen	Brandschutzmaßnahmen	Weitere Maßnahmen:
x	x	x			x		

7. Sonstiges: ausformulierte H- und P- Sätze, vgl. Übersicht S. 103

Schule: ____________________ **Fachlehrer/in:** ____________________

Datum: ____________________ **Unterschrift:** ____________________

1. Durchführung (Tätigkeitsbeschreibung)

1. Kratzt mithilfe des Messers die Reibeflächen einer Streichholzschachtel so ab, dass die Substanz in der Reibeschale aufgefangen wird. Die Pappe darf dabei nicht entfernt werden.
2. Entzündet mithilfe des Brenners die abgekratzte Substanz. Wenn sie brennt, stülpt das Becherglas (Öffnung nach unten!) über die Flamme und fangt die entstehenden Gase auf.
3. Wenn die Flamme erloschen ist, dreht das Becherglas um, gebt mit der Pipette ca. 3 ml Wasser schnell dazu. Deckt das Glas mit dem Uhrglas ab. Schwenkt gut um. Haltet den Indikatorpapierstreifen in die Lösung und vergleicht den Wert mit der pH-Skala.

2. Einstufung der Gefahrstoffe

Stoffbezeichnung	Signalwort	GHS-Zeichen	H-Sätze	EUH-Sätze	P-Sätze	AGW in mg/m³
Phosphor, roter	Gefahr		H228, H412	–	P210, P273	–

3. Gefahrenabschätzung

Gefahren	Ja	Nein	Sonstige Gefahren und Hinweise
durch Einatmen	x		Tätigkeitsbeschränkung für Schülerinnen und Schüler bis einschließlich Jahrgangsstufe 4.
durch Hautkontakt	x		
Brandgefahr	x		
Explosionsgefahr		x	

4. Substitution von Gefahrstoffen

☒ Nein ☐ Ja

5. Entsorgung

Reste in das Sammelgefäß für „Anorganische Reststoffe“ geben.

6. Schutzmaßnahmen

Mindeststandards TRGS 500	Schutzbrille	Schutzhandschuhe	Abzug	geschlossenes System	Lüftungsmaßnahmen	Brandschutzmaßnahmen	Weitere Maßnahmen:
x	x		x		x	x	

7. Sonstiges: ausformulierte H- und P- Sätze, vgl. Übersicht S. 103

Schule: ______________________ **Fachlehrer/in:** ______________________

Datum: ______________________ **Unterschrift:** ______________________

1. Durchführung (Tätigkeitsbeschreibung)

1. Die beiden Kupfermünzen mit feinem Schmirgelpapier abschmirgeln und mit einem in Ethanol oder Aceton getränkten Wattebausch reinigen.
2. Legt die beiden Kupfermünzen aufeinander und haltet sie mit der Tiegelzange fest zusammengepresst in die rauschende Flamme des Brenners (ca. 1 Minute). Dreht und wendet dabei die zusammengepressten Kupfermünzen so, dass alle Seiten gleichmäßig erhitzt werden.
3. Legt die heißen Kupfermünzen auf die Kachel zum Auskühlen.

2. Einstufung der Gefahrstoffe

Stoffbezeichnung	Signalwort	GHS-Zeichen	H-Sätze	EUH-Sätze	P-Sätze	AGW in mg/m³
Ethanol	Gefahr		H225, H319	–	P210, P240, P305 + P351 + P338, P403 + P233	380
Aceton	Gefahr		H225, H319, H336	EUH066	P210, P240, P305 + P351 + P338, P403 + P233	1 200

3. Gefahrenabschätzung

Gefahren	Ja	Nein	Sonstige Gefahren und Hinweise
durch Einatmen	x		a) Ethanol oder Aceton von heißen Oberflächen fernhalten. Beim Umfüllen von Aceton elektrostatische Aufladungen vermeiden.
durch Hautkontakt	x		
Brandgefahr	x		b) Tätigkeitsbeschränkung für Schülerinnen und Schüler bis einschließlich Jahrgangsstufe 4.
Explosionsgefahr		x	

4. Substitution von Gefahrstoffen

☒ Nein ☐ Ja

5. Entsorgung

Reste in Sammelgefäß „Flüssige organische Abfälle – halogenfrei" geben.

6. Schutzmaßnahmen

Mindeststandards TRGS 500	Schutzbrille	Schutzhandschuhe	Abzug	geschlossenes System	Lüftungsmaßnahmen	Brandschutzmaßnahmen	Weitere Maßnahmen:
x	x	x			x	x	

7. Sonstiges: ausformulierte H- und P- Sätze, vgl. Übersicht S. 103

Schule: ____________________ **Fachlehrer/in:** ____________________

Datum: ____________________ **Unterschrift:** ____________________

1. Durchführung (Tätigkeitsbeschreibung)

1. Die Eisenwolle eine Woche vor dem Versuch in Ethanol oder Aceton einlegen und trocknen lassen.
2. Haltet mit der Tiegelzange etwas Stahl- oder Eisenwolle in die Flamme des Bunsenbrenners. (Achtung: Die Wolle verspritzt glühendes Metall!)
3. Lasst diese dann auf der Kachel auskühlen.

2. Einstufung der Gefahrstoffe

Stoffbezeichnung	Signalwort	GHS-Zeichen	H-Sätze	EUH-Sätze	P-Sätze	AGW in mg/m³
Ethanol	Gefahr		H225, H319	–	P210, P240, P305 + P351 + P338, P403 + P233	380
Aceton	Gefahr		H225, H319, H336	EUH066	P210, P240, P305 + P351 + P338, P403 + P233	1 200
Eisen (Eisenwolle)	Achtung		H228, H251	–	P210, P260, P370 + P378	–

3. Gefahrenabschätzung

Gefahren	Ja	Nein	Sonstige Gefahren und Hinweise
durch Einatmen	x		Tätigkeitsbeschränkung für Schülerinnen und Schüler bis einschließlich Jahrgangsstufe 4.
durch Hautkontakt	x		
Brandgefahr	x		
Explosionsgefahr		x	

4. Substitution von Gefahrstoffen

☐ Nein ☒ Ja

Verwendung von Ethanol oder Aceton vermeiden durch Verwendung von entfetteter Stahlwolle.

5. Entsorgung

Reste der Stahl- oder Eisenwolle nach Erkalten in das Sammelgefäß „Anorganische Feststoffe“ oder in den Restmüll geben.
Ethanol- oder Acetonrest in den Behälter „Organische Lösungsmittel – halogenfrei“ geben.

6. Schutzmaßnahmen

Mindeststandards TRGS 500	Schutzbrille	Schutzhandschuhe	Abzug	geschlossenes System	Lüftungsmaßnahmen	Brandschutzmaßnahmen	Weitere Maßnahmen:
x	x	x			x	x	

7. Sonstiges: ausformulierte H- und P- Sätze, vgl. Übersicht S. 103

Schule: ______________________ **Fachlehrer/in:** ______________________

Datum: ______________________ **Unterschrift:** ______________________

1. Durchführung (Tätigkeitsbeschreibung)

1. Das große Reagenzglas ca. 1 cm hoch mit Wasser füllen und in das Stativ einspannen.
2. Einen flachen Spatellöffel Calcium in das Wasser geben und das Reagenzglas mit dem Gummistopfen verschließen, in dem das Glasrohr steckt.
3. Das kleine Reagenzglas so lange über die Glasrohrspitze halten, bis die Reaktion im großen Reagenzglas beendet ist.
4. Dann mit dem Daumen die Öffnung des kleinen Reagenzglases verschließen und dieses Reagenzglas der Brennerflamme nähern.
5. Die Reagenzglasöffnung freigeben und so die Knallgasprobe durchführen.
6. Etwas Watesmo-Papier an die Innenwand des kleinen Reagenzglases halten. (Alternativ: Einige Körnchen Kupfer(II)-sulfat, wasserfrei hineingeben.)

2. Einstufung der Gefahrstoffe

Stoffbezeichnung	Signalwort	GHS-Zeichen	H-Sätze	EUH-Sätze	P-Sätze	AGW in mg/m³
Calcium	Gefahr		H261	EUH014	P223, P232, P501, P402 + P404	–
Kupfer(II)-sulfat, wasserfrei	Achtung		H302, H315, H319, H410		P273, P302 + P352, P305 + P351 + P338	

3. Gefahrenabschätzung

Gefahren	Ja	Nein	Sonstige Gefahren und Hinweise
durch Einatmen	x		Tätigkeitsbeschränkung für Schülerinnen und Schüler bis einschließlich Jahrgangsstufe 4.
durch Hautkontakt	x		
Brandgefahr	x		
Explosionsgefahr	x		

4. Substitution von Gefahrstoffen

☒ Nein ☐ Ja

5. Entsorgung

Reste in den Abfallbehälter für Säuren und Laugen geben.

6. Schutzmaßnahmen

Mindeststandards TRGS 500	Schutzbrille	Schutzhandschuhe	Abzug	geschlossenes System	Lüftungsmaßnahmen	Brandschutzmaßnahmen	Weitere Maßnahmen:
x	x	x			x	x	Laborkittel tragen.

7. Sonstiges: ausformulierte H- und P- Sätze, vgl. Übersicht S. 103

Schule: ______________________ **Fachlehrer/in:** ______________________

Datum: ______________________ **Unterschrift:** ______________________

1. Durchführung (Tätigkeitsbeschreibung)

1. Füllt mithilfe des Trichters 100 ml Wasserstoffperoxid (6–10 %) in die Flasche.
2. Entfernt den Trichter und gebt 3–4 Tropfen Lebensmittelfarbe sowie einige ml Spülmittel in die Flasche.
3. Füllt das Becherglas halb voll mit warmem Wasser und verrührt darin 1 Teelöffel Backhefe.
4. Gebt die Hefesuspension zügig in die Flasche (evtl. den Trichter zur Hilfe nehmen).
5. Entzündet einen Holzspieß, pustet die Flamme nach etwas Brenndauer wieder aus und haltet die noch glimmende Spitze in den entstehenden Schaum. Wiederholt dies mehrmals.

2. Einstufung der Gefahrstoffe

Stoffbezeichnung	Signalwort	GHS-Zeichen	H-Sätze	EUH-Sätze	P-Sätze	AGW in mg/m³
Wasserstoffperoxid, max. 10 %	Gefahr		H272	–	P210, P280, P305 + P351 + P338	–

3. Gefahrenabschätzung

Gefahren	Ja	Nein	Sonstige Gefahren und Hinweise
durch Einatmen	x		a) Von heißen Oberflächen, offenen Flammen, Zündfunken fernhalten. b) Tätigkeitsbeschränkung für Schülerinnen und Schüler bis einschließlich Jahrgangsstufe 4.
durch Hautkontakt	x		
Brandgefahr		x	
Explosionsgefahr		x	

4. Substitution von Gefahrstoffen

☒ Nein ☐ Ja

5. Entsorgung

Den entstandenen Schaum verdünnt in den Ausguss geben.

6. Schutzmaßnahmen

Mindeststandards TRGS 500	Schutzbrille	Schutzhandschuhe	Abzug	geschlossenes System	Lüftungsmaßnahmen	Brandschutzmaßnahmen	Weitere Maßnahmen:
x	x	x			x		Laborkittel tragen.

7. Sonstiges: ausformulierte H- und P- Sätze, vgl. Übersicht S. 103

Schule: ______________________ **Fachlehrer/in:** ______________________

Datum: ______________________ **Unterschrift:** ______________________

Bildquellen:

S. 6/104 ff.: Arbeitsschutz Piktogramme © Gooseman – Fotolia
S. 19 f.: pH-Skala © By myself, PatríciaR – Own work, CC BY-SA 2.5, https://commons.wikimedia.org/w/index.php?curid=1594534
S. 59 ff.: Lapbook-Vorlagen © Auer Verlag / D. Blumhagen
laufend: Gefahrenpiktogramme © lesniewski – Fotolia

Literatur:

- Blume, R. Prof. Dr.: Blume Bildungsserver Chemie. Verfügbar unter http://www.chemieunterricht.de/dc2/
- Blumhagen, D.: Lapbooks gestalten im Religionsunterricht (3. Auflage 2018). Augsburg Auer Verlag
- Gaßner, E.: Lerntypen und Lernstrategien (2007). Büsingen K2-Verlag
- Harm, A.G.: 55 Methoden Chemie (2. Auflage 2017). Augsburg Auer Verlag
- Fachwerk Chemie, Gesamtband NRW (2015). Berlin Cornelsen Schulverlage GmbH
- Seilnacht, T.: Chemikalien-Steckbriefe. Verfügbar unter http://www.seilnacht.com/Chemie/ch_index.htm
- Neo Chemie, Gesamtband NRW (2017). Braunschweig, Westermann Schroedel
- Reiser, O. Prof. Dr.: Chemie im Alltag, Verfügbar unter http://www.chemie-im-alltag.de/
- KMK (2013). Richtline zur Sicherheit im Unterricht (RISU). Verfügbar unter https://www.kmk.org/fileadmin/veroeffentlichungen_beschluesse/1994/1994_09_09-Sicherheit-im-Unterricht.pdf
- Kuhnert, N.: Die Chemie des schwarzen Tees. Meister der molekularen Vielfalt. Verfügbar unter http://www.laborundmore.de/archive/441839/Die-Chemie-des-schwarzen-Tees.html
- Mortimer, C.E.: Chemie Basiswissen.(5. Auflage 1987) Stuttgart Georg Thieme Verlag
- Piofczyk, T. Dipl.-Ing.: Untersuchung zur Röstung von Kaffeebohnen und dabei entstehender Emissionen in der Wirbelschicht. Verfügbar unter https://www.dbu.de/OPAC/diss/20001-160_Piofczyk_Thomas.pdf